FORSCHUNGSBERICHTE DES LANDES NORDRHEIN-WESTFALEN

Nr. 1957

Herausgegeben im Auftrage des Ministerpräsidenten Heinz Kühn
von Staatssekretär Professor Dr. h. c. Dr. E. h. Leo Brandt

DK 621.831

Prof. Dr.-Ing. Dr. h. c. D. Sc. Herwart Opitz
Dr.-Ing. Konrad Feltkamp
Dr.-Ing. Johannes Rademacher
Dipl.-Ing. Gerhard Breidenbach

Laboratorium für Werkzeugmaschinen und Betriebslehre
der Rhein.-Westf. Techn. Hochschule Aachen

Untersuchungen an Zahnradgetrieben und Verzahnmaschinen: Lebensdaueruntersuchungen an Zahnradgetrieben

SPRINGER FACHMEDIEN WIESBADEN GMBH

ISBN 978-3-663-06502-9 ISBN 978-3-663-07415-1 (eBook)
DOI 10.1007/978-3-663-07415-1

Verlags-Nr. 011957

Inhalt

1. Einleitung

Geringe Geräuschabstrahlung, gleichförmige Bewegungsübertragung und ausreichende Sicherheit gegen Zahnradschäden gehören zu den wichtigsten Anforderungen, die an moderne Zahnradgetriebe gestellt werden. Diese Anforderungen werden im wesentlichen durch richtige Werkstoffauswahl und durch eine hohe Verzahnungsqualität erfüllt. Darüber hinaus wird bei Hochleistungsgetrieben in zunehmendem Maße ein niedriges Leistungsgewicht und damit eine möglichst kleine Bauweise angestrebt. Da die Drehzahlbereiche i. a. als gegeben anzusehen sind, bleibt zur Leistungssteigerung lediglich der Weg über höhere Drehmomente. Die größten Momente können bei dem heutigen Stand der Werkstoff- und Fertigungstechnik durch Getriebe mit gehärteten Zahnrädern übertragen werden. Zur Vermeidung von Getriebeausfällen ist eine sorgfältige Erfassung aller Einflußgrößen auf die Getriebebelastung und -lebensdauer sowie eine möglichst genaue Kenntnis der Tragfähigkeitskennwerte und der Ursachen für Zahnradschäden erforderlich.

Die Lebensdauer ungehärteter Zahnräder wird zumeist durch die Grübchenbildung begrenzt, und die Zahnflankentragfähigkeit stellt die Belastungsgrenze dar. In den bisherigen Untersuchungen wurden die Auswirkungen einer Reihe von Einflußgrößen auf die Flankentragfähigkeit ermittelt. Diese Ergebnisse lassen sich jedoch nicht ohne weiteres auf gehärtete Zahnräder übertragen, da gehärtete Räder in den meisten Fällen nicht durch Flankenverschleiß, sondern durch Zahnbruch erliegen. Als Berechnungsgrundlage für die Auslegung von gehärteten Zahnradgetrieben ist somit die Zahnfußfestigkeit heranzuziehen. Sie wird in erster Linie von der Verzahnungsgeometrie, dem Zahnradwerkstoff, dem Härteverfahren, der Ausbildung der Härtezone und der Oberflächenhärte in der Zahnfußausrundung, von Verzahnungsfehlern und auch von der Ausbildung der Zahnfußausrundung und des Zahngrundes bestimmt.

Die Auswirkungen dieser Einflußgrößen auf die Tragfähigkeit können nur experimentell ermittelt werden. Die aus der Literatur bekannten Untersuchungen befassen sich eingehend mit den Einflüssen der Zahngeometrie, des Werkstoffes und der verschiedenen Härteverfahren auf die Zahnfußfestigkeit. Eine entscheidende Bedeutung kommt darüber hinaus der Verzahnungsgenauigkeit zu. Verzahnungsfehler wie Eingriffsteilungs- und Flankenrichtungsfehler und Montageungenauigkeiten verändern den Zahnkraftverlauf während des Zahneingriffes. Dadurch kann die Tragfähigkeit von gehärteten Getrieben so stark herabgesetzt werden, daß gegenüber ungehärteten bzw. nur vergüteten Zahnrädern mit ausreichender Verzahnungsgenauigkeit keine oder nur eine geringe Tragfähigkeitssteigerung erreicht wird. Die Auswirkungen von Fertigungsfehlern auf die Flankenbeanspruchung und auf die Zahnflankentragfähigkeit ungehärteter Stirnräder sind bereits ausführlich behandelt worden [6]. Die Beeinflussung der Beanspruchung im Zahnfuß durch den veränderten Zahnkraftverlauf ist dagegen anders als die der Zahnflankenbeanspruchung. Beispielsweise bewirken wirksame Flankenrichtungsfehler eine Erhöhung der Flankenbeanspruchung an einem Zahnende. Infolge eines Spannungsausgleichs im Zahnfuß erhöhen diese Fehler die Zahnfußspannung weniger stark als die Flankenpressung.

Zusätzlich wird die Höhe der Zahnfußbeanspruchung von der Beschaffenheit des Zahngrundes beeinflußt. Kleine Fußausrundungen können wegen ihrer Kerbwirkung große belastungsabhängige Spannungserhöhungen zur Folge haben, die zu einer Minderung der Tragfähigkeit führen. Sie bewirken sogar teilweise so hohe Härteeigenspannungen,

daß schon am unbelasteten Zahnrad Risse im Zahnfuß entstehen. Durch zusätzliche Feinbearbeitung erzeugte Bearbeitungskerben sowie Riefen im Zahngrund haben ebenfalls Erhöhungen der Spannungen im Zahnfuß und oft eine starke Verminderung der Tragfähigkeit zur Folge.
Wegen der großen Auswirkung von Verzahnungsfehlern und der Zahnfußausbildung auf die Tragfähigkeit gehärteter Stirnräder ist zur richtigen Auslegung von Getrieben und zur größtmöglichen Ausnutzung der Zahnfußfestigkeitssteigerung durch Härten eine möglichst exakte Erfassung dieser Einflußgrößen von besonderer Bedeutung.
Im folgenden soll deshalb über die Untersuchung der Einflüsse von Verzahnungsfehlern, insbesondere von Eingriffsteilungs- und Flankenrichtungsfehlern, von Bearbeitungskerben im Zahnfuß und von der Größe der Zahnfußausrundung auf die Zahnfußbeanspruchung und auf die Tragfähigkeit gehärteter Stirnräder berichtet werden.

2. Belastungsgrenzen und Zahnradschäden

2.1 Belastungsgrenzen an ungehärteten und gehärteten Stirnrädern

Belastungsgrenzen für Zahnradgetriebe stellen in den meisten Fällen die Zahnflankentragfähigkeit und die Zahnfußfestigkeit dar. Sowohl die Flankentragfähigkeit k_D als auch die Zahnfußfestigkeit σ_{vD} hängen von der Härte des verwendeten Werkstoffes ab. Für ein Beispiel ist in der Abb. 1* dieser Zusammenhang aufgetragen. Mit zunehmender Brinellhärte HB ergibt sich für die Zahnfußfestigkeit ein degressiver, für die Flankentragfähigkeit ein progressiver Verlauf. Der Schnittpunkt beider Kurven liegt für dieses Beispiel bei einer Härte von HB $\approx$ 640 kp/mm². Dieses bedeutet, daß bei Überlastung die Zahnräder mit geringeren Oberflächenhärtewerten als 640 kp/mm² durch Grübchenverschleiß erliegen. Bei höheren Härtewerten stellt in diesem Fall der Zahnbruch die Belastungsgrenze dar. Die Lage des Schnittpunktes ist im wesentlichen von den Zahnradabmessungen und von der Übersetzung abhängig. Für größere Moduln verschiebt er sich infolge der größeren Fußquerschnitte (höhere Biegewechselfestigkeit) und für kleinere Übersetzungen wegen der geringeren resultierenden Krümmung von Rad- und Ritzelflanken (größere Flankenpressung) zu höheren Härtewerten; für kleinere Moduln und große Übersetzungen liegt er bei geringeren Härtewerten, so daß auch an ungehärteten Zahnradgetrieben mit kleinen Moduln bzw. geringer Ritzelzähnezahl Zahnbruchgefahr bestehen kann.
Nach Abb. 2 läßt sich abschätzen, ob ein Getriebe mit Geradverzahnung bei Überlastung durch Grübchenbildung oder durch Zahnbruch erliegt. Das Diagramm gilt ebenfalls angenähert für Schrägstirnräder. Die stark ausgezogene Linie trennt die Gebiete des Zahnbruches bzw. der Grübchenbildung, wobei in einem Streubereich um die Trennlinie sowohl Zahnbruch als auch Grübchenbildung auftreten können.
Welche dieser beiden Schadensarten bei Überlastung auftritt, hängt in erster Linie von der Ritzelzähnezahl, vom Zähnezahlverhältnis und vom Verhältniswert aus Zahnfußfestigkeit und Flankentragfähigkeit ab. So tritt im Beispiel ① für ein Getriebe mit der Ritzelzähnezahl $z_1 = 32$, dem Zähnezahlverhältnis $u = 4$ und dem Verhältniswert $\sigma_{vD}/k_D = 55$ bei Überlastung Grübchenbildung auf.
Ungehärtete und vergütete Stirnräder sind vorwiegend durch Grübchenbildung gefährdet (Gebiet rechts von der Trennungslinie). Nur bei sehr großen Ritzelzähnezahlen,

* Die Abbildungen stehen im Anhang ab Seite 47.

$z_1 \approx 100$ und größer, besteht hierfür Zahnbruchgefahr (Gebiet links von der Trennungslinie). Gußzahnräder sind in dem Bereich $z_1 = 35$ bis 140 sowohl durch Grübchenbildung als auch durch Zahnbruch besonders gefährdet. Während Räder aus Gußeisen mit Lamellengraphit eher durch Zahnbruch erliegen, erhält man bei Zahnrädern aus Gußeisen mit Kugelgraphit und aus Schwarzem Temperguß größere Sicherheiten gegen Zahnbruch. Die Lebensdauer einsatz-, brenn- oder induktivgehärteter Räder wird außer bei geringer Ritzelzähnezahl, $z_1 \approx 20$ und kleiner, durch Zahnbruch begrenzt. An bad- oder gasnitrierten Zahnrädern aus Kohlenstoff- bzw. Vergütungsstahl kann im Zähnezahlbereich $z_1 \approx 20$–70 sowohl Zahnbruch als auch Grübchenbildung auftreten.
Die im Bild unten schraffiert angelegten Bereiche für den Verhältniswert der verschiedenen Werkstoffgruppen und ebenfalls die Lage der Trennungslinie zwischen den Gebieten Zahnbruch und Grübchenbildung gelten für eine mittlere Verzahnungsqualität, wie sie beispielsweise gefräste Zahnräder aufweisen. Die Bereiche für das Verhältnis σ_{vD}/k_D können z. B. durch Verbesserung der Oberflächenqualität zu niedrigeren Werten verschoben werden, da hierdurch in erster Linie die Flankentragfähigkeit erhöht wird. Die Trennungslinie kann infolge von Verzahnungsfehlern, die unterschiedlichen Einfluß auf die Sicherheit gegen Zahnbruch bzw. Grübchenbildung haben, ebenfalls verschoben werden.
Im allgemeinen ist jedoch bei der Auslegung von Getrieben mit gehärteten Zahnrädern die Sicherheit gegen Bruch im Zahnfuß von besonderem Interesse.

2.2 Zahnradschäden

Bei Zahnbruch unterscheidet man den Gewalt- und den Dauerbruch. Für diese Bruchschäden sind in Abb. 3 Beispiele angegeben. Gewaltbruch entsteht infolge einmaliger Überbeanspruchung oder einer geringen Anzahl von Überlastungen, die weit oberhalb der Dauerfestigkeit liegen. Die Ursache für reinen Gewaltbruch ist oft nicht im Entwurf oder in der Herstellung der Zahnräder zu suchen, sondern eine Folge unvorhergesehener äußerer Stoßbelastungen, die höher als die dauernd übertragbare und kleiner als die statische Bruchlast sind.
Der Dauerbruch setzt zumeist an der auf Zug beanspruchten Seite des Zahnes in der Zahnfußausrundung an, dehnt sich langsam über den Zahnquerschnitt bis zu einem bestimmten Restquerschnitt aus, der dann durch Gewaltbruch erliegt. Dauerbrüche sind oft an einer Anzahl von Rastlinien zu erkennen, die etwa konzentrisch zum Punkt bzw. zur Linie des Bruchbeginns verlaufen. Außerdem hat die Dauerbruchfläche im allgemeinen eine feinere Struktur als die Restbruchfläche, die je nach Härteverfahren bzw. Ausbildung der Härtezone mehr oder weniger stark zerklüftet ist.
In den gezeigten Beispielen nimmt die Größe der Dauerbruchfläche vom oberen zum unteren Beispiel entsprechend der zunehmenden Bruchlast ab und die Gewaltbruchfläche damit zu. Im unteren Beispiel liegt fast ausschließlich Gewaltbruch vor.
Je nach Verlauf bzw. Ausbildung des Zahnbruches werden die in Abb. 4 dargestellten Zahnbruchformen unterschieden.
Bei der 20°-Normalverzahnung beginnt der Bruch im allgemeinen entsprechend der oberen linken Abbildung in der Zahnfußausrundung und setzt sich weiter über den Fußquerschnitt fort. An positiv profilverschobenen Zahnrädern mit kleinen Zähnezahlen oder an Rädern mit großen Zähnezahlen kann z. B. auch der Bruch – wie oben rechts im Bild gezeigt – auf der aktiven Flanke ansetzen und von dort durch den Zahnquerschnitt zur Fußausrundung der Rückflanke verlaufen. Vor allem an Zahnrädern mit großen Schrägungswinkeln entstehen, da die Berührungslinien schräg über die Zahnflanken verlaufen, Zahneckbrüche, für die ein Beispiel im Bild unten links ange-

geben ist. An Schräg- und Geradstirnrädern mit größeren Flankenrichtungsfehlern können Schrägbrüche entsprechend der Abbildung unten rechts auftreten.
An gehärteten Zahnrädern sind Härtefehler häufig die Ursache für Zahnradschäden. Außer zu kleiner Oberflächenhärte und zu geringer Einhärtetiefe wirkt sich oft eine fehlerhafte Härtekontur nachteilig auf die Tragfähigkeit der Verzahnung aus.
Die gebräuchlichsten Härteverfahren sind heute vor allem die Einsatz- und auch die Nitrier-, Brenn- und Induktionshärtung. Je nach Härteverfahren wird eine der in Abb. 5 gezeigten Härtezonen ausgebildet. Bei der Einsatz- und Nitrierhärtung wird immer eine konturengetreue Härtezone entsprechend der Abbildung links im Bild erzielt. Ein ähnliches Härteergebnis liegt bei einwandfreier Brenn- und Induktionshärtung vor, sofern eine Zahnlückenhärtung durchgeführt wird. Die Mithärtung des Zahngrundes gewährleistet hierbei die größte Sicherheit gegen Zahnbruch. Durch das Umlaufverfahren wird ebenfalls der Zahngrund mitgehärtet, wie aus der Abbildung rechts zu ersehen ist. Zahnradschäden entstehen bei dieser Härtezone zumeist durch ungenügende Oberflächenhärte, zu geringe Einhärtetiefe im Zahnfuß und Fehlstellen in der Härtezone.
Häufiger werden jedoch Verzahnungsschäden bei der Härtung ohne Zahngrund festgestellt, durch die – wie in Bildmitte gezeigt – nur die Zahnflanken, nicht aber der Zahngrund gehärtet sind. Dieses Härteergebnis wird beim Brenn- und Induktionshärten durch die Beidflankenhärtung erzielt, bei der beide Flanken eines Zahnes gleichzeitig gehärtet werden. Zwar wird hierdurch die Sicherheit gegen Flankenschäden beträchtlich erhöht, die Sicherheit gegen Zahnbruch jedoch oft erheblich herabgesetzt, da durch die in Nähe des gefährdeten Fußquerschnittes auslaufende Härtezone ungünstige Eigenspannungszustände hervorgerufen werden. Eine Härtung ohne Zahngrund sollte deshalb nur an solchen Zahnrädern durchgeführt werden, die nicht durch Zahnbruch gefährdet sind, bei denen jedoch die Sicherheit gegen Flankenschäden gegenüber der ungehärteter Räder gesteigert werden soll.
Ebenso wie durch Fehlstellen bzw. Härterisse können aber auch durch Schleifrisse und Grübchen Zahnbrüche entstehen, die von der aktiven Flanke ausgehen. In Abb. 6 ist ein derartiger Zahnradschaden an einem brenngehärteten und anschließend badnitrierten Rad gezeigt. Aus der Abbildung eines abgebrochenen Zahnes oben links im Bild ist zu ersehen, daß der Zahnbruch etwa in Teilkreisnähe von der Zahnflanke aus durch den Zahn zum Fußquerschnitt verläuft. Die Ansicht der Bruchflächen unten im Bild läßt den durch Grübchenbildung und Abbröckeln der Härteschicht entstandenen Flankenverschleiß und davon ausgehend die Dauerbruchfläche und die sich daran anschließende Gewaltbruchzone erkennen. Während dieser eine Zahn seine ursprüngliche Form besitzt, waren die übrigen abgebrochenen und die auf dem Radkörper verbliebenen Zähne stark verformt, wie aus der Abb. 7 hervorgeht. Diese Verformungen und Risse lassen auf ein kurzzeitiges Erliegen der Verzahnung nach dem Bruch des im vorhergehenden Bild gezeigten Zahnes schließen. Die Tatsache, daß zwar starke Verformungen und Risse vorliegen, die Härteschicht jedoch nicht abgeplatzt ist, läßt eine große Zähigkeit der Nitrierzone erkennen.
Auch bei bestimmten Zahnformen, wie sie beispielsweise an Rädern mit größeren Zähnezahlen vorliegen, kann der Zahnbruch von der Flanke ausgehen. In Abb. 8 ist hierfür ein Beispiel gezeigt. Aus dem Diagramm – rechts im Bild –, in dem sowohl die Biegespannung als auch die Vergleichsspannung nach Niemann [5] qualitativ über der Zahnhöhe aufgetragen sind, geht hervor, daß an diesem einsatzgehärteten Rad die Beanspruchungen auf der Zahnflanke angenähert die gleichen Werte wie im Zahnfuß erreichen.
Ein ähnlich gearteter Schadensverlauf – ebenfalls Bruchbeginn auf der Zahnflanke – kann bei positiv profilverschobenen Zahnrädern mit kleinen Zähnezahlen eintreten. Die

Abb. 9 zeigt für drei Zahnräder gleicher Abmessungen, aber mit verschiedenen Profilverschiebungsfaktoren, nämlich $x = -0{,}4$; 0 und $+ 1$, den Verlauf der Biegespannung über der Zahnhöhe. Man erkennt, daß die größte Beanspruchung bei der extremen positiven Profilverschiebung im Zahnkopf auftritt. Auch in diesem Fall kann der Zahnbruch von der Flanke ausgehen.

Vielfach werden bei Getriebeschäden mehrere Schadensarten gleichzeitig beobachtet. Oft ist es dann schwierig, den primären Schaden zu erkennen, der die weiteren Schäden zur Folge hatte. Die gezeigten Beispiele sollten auf die mitunter verwickelte Feststellung der schadensauslösenden Einflußgrößen hinweisen.

In der Abb. 10 sind die häufigsten Ursachen für Verzahnungsschäden in Beziehung zu den Einflußgrößen auf die Tragfähigkeit zusammengestellt.

Da die Tragfähigkeit vornehmlich von den Werkstoffeigenschaften bestimmt wird, können ungenügende Festigkeit, Werkstoffehler, eine falsche Gefügeausbildung und geringe Zähigkeit eine Vielzahl von Schäden zur Folge haben.

Außerdem hat die Verzahnungsgeometrie großen Einfluß auf die Tragfähigkeit. Durch zu große Krümmung der Zahnflanken kann die Wälzpressung unzulässig hoch werden. Ein zu geringer Fußquerschnitt wirkt sich nachteilig auf die Sicherheit gegen Zahnbruch aus. Durch einen zu geringen Überdeckungsgrad wird die Lastaufteilung auf die im Eingriff befindlichen Zahnpaare ungünstig beeinflußt.

In gehärteten Getrieben sind oft eine zu geringe Härte, eine zu kleine bzw. zu große Einhärtetiefe, ein schroffer Übergang vom gehärteten zum ungehärteten Material, eine ungenügende, beispielsweise im Zahnfuß auslaufende Härtekontur und sonstige Härtefehler wie Fehlstellen im Härtegefüge, Ursachen für Zahnradschäden.

Durch Verzahnungsfehler wird die Lastaufteilung auf die im Eingriff befindlichen Zahnpaare oder die Lastverteilung über die Zahnbreite verändert, was – nicht zuletzt auch infolge größerer dynamischer Zusatzkräfte – zu erhöhten Beanspruchungen führt, die wiederum Getriebeschäden zur Folge haben können. Größere als der Berechnung zugrunde gelegte Oberflächenrauhigkeiten bewirken erhöhte Flankenbeanspruchungen und damit die Gefahr der Grübchenbildung.

Durch Gehäuse- oder Montageungenauigkeiten und die äußere Belastung können Achsfluchtungsfehler bzw. Verformungen entstehen, die wiederum zumeist wirksame Flankenrichtungsfehler hervorrufen.

Eine besondere Bedeutung kommt der Getriebeschmierung zu. Ölmangel infolge Aussetzens der Ölversorgung, Filterverstopfungen und unzweckmäßige Zuführung des Öles, zu geringe bzw. zu hohe Viskosität oder zu kleine Druckfestigkeit des Öles sind Ursachen für unzulässig hohen Verschleiß. Oft wird auch die Minderung der Ölviskosität bei hohen Umfangsgeschwindigkeiten durch unvermeidliche Erwärmung im Zahneingriff nicht berücksichtigt. Vor allem bei offenen Getrieben bilden Verunreinigungen im Schmiermittel eine häufige Ursache für Zahnradschäden.

An gehärteten Zahnrädern, die gegen Zahnbruch gefährdet sind, ist oft eine unzweckmäßige Ausbildung der Fußausrundung die Ursache für Schäden. So erhöhen Bearbeitungskerben im Zahnfuß wie Schleif- oder Schababsätze und starke Riefen, aber auch zu kleine Fußausrundungen die belastungsabhängige Kerbwirkung, die ein frühzeitiges Erliegen der Verzahnung zur Folge haben kann.

Nicht zuletzt entstehen auch Zahnradschäden z. B. durch Lager- und Kupplungsschäden, durch Auswirkungen der treibenden bzw. angetriebenen Maschine oder durch Ausfall der Getriebeölkühlung und sonstige Einflüsse.

Schon diese Zusammenstellung der vorwiegenden Schadensursachen läßt erkennen, wie viele Einflußgrößen bei der Auslegung einer Verzahnung zu berücksichtigen sind.

3. Ermittlung der Tragfähigkeit gehärteter Stirnräder

Die Tragfähigkeit von Zahnrädern kann nur experimentell bestimmt werden. Dieses wird zumeist in Verspannungsprüfständen oder mit Hilfe von Resonanzpulsatoren, bei Großseriengetrieben jedoch auch an fertig montierten Getrieben durchgeführt. Pulsatorversuche haben den Vorteil, daß zur Ermittlung der Zahnfußfestigkeit oft nur ein Prüfrad genügt, so daß Versuchszeit und Kosten relativ gering sind. Außerdem eignen sie sich besonders zum Vergleich verschiedener Einflußfaktoren auf die Zahnfußfestigkeit wie Werkstoff, Zahnform, Härteverfahren, Einhärtetiefe, Ausbildung der Zahnfußausrundung usw. Bei Laufversuchen ist es jedoch vorteilhaft, daß sich die Auswirkungen von Montage- und Verzahnungsfehlern, dynamische Einflüsse und Einflüsse der Betriebsbedingungen, z. B. des Öls, erfassen lassen.

3.1 Versuchseinrichtung und -durchführung

Die in diesem Bericht beschriebenen Versuche wurden sowohl auf Verspannungsprüfständen als auch mit Hilfe eines Resonanzpulsators durchgeführt.

3.1.1 Verspannungsprüfstand

In Abb. 11 sind eine Ansicht und eine schematische Darstellung des Verspannungsprüfstandes gezeigt. Die Verspannungseinheit besteht aus zwei parallel angeordneten Getrieben mit Radpaaren gleicher Übersetzung, einem Versuchs- und einem Vergleichsgetriebe. Die statisch mittels Hebel und Gewichten aufgebrachte Verspannung wird durch Fixierung der Kupplung zwischen den Ritzelwellen aufrechterhalten. Bei dem gezeigten Prüfstand läßt sich ein Drehmoment bis zu 60 kpm aufbringen. Der Antriebsmotor hat bei dieser Anordnung lediglich die Leerlaufleistung aufzubringen und die belastungsabhängige Reibung des Verspannungsprüfstandes zu überwinden.
Da der Prüfstand im Dauerbetrieb läuft, werden die für die Versuchsradpaare eingestellten Bedingungen laufend überwacht. Zur Überwachung der Schmierölmenge, Öltemperatur und des Drehmomentes sind Kontrollvorrichtungen eingebaut, die beim Überschreiten bestimmter Abweichungen vom Sollzustand den Prüfstand selbsttätig abschalten. Von besonderer Bedeutung für die Laufversuche ist dabei die Drehmomentüberwachung. Hierzu werden zwei Lochscheiben verwendet (Abb. 12), die in größtmöglichem Abstand auf der als Torsionsstab ausgebildeten gemeinsamen Radwelle beider Getriebe befestigt sind. Die Löcher der Scheiben werden beim Soll-Drehmoment so übereinandergestellt, daß von der Lichtquelle kein Licht auf die Fotozelle fällt. Bei größeren Drehmomentänderungen – also auch bei Zahnbruch – werden der Torsionsstab und damit die Lochscheiben verdreht. Das dann auf die Fotozelle auftreffende Licht löst einen Stromimpuls aus, durch den der Prüfstand abgeschaltet wird.
Eine Zeituhr registriert die bis zum Zahnbruch ertragenen Lastwechsel. Diese Lastwechselzahlen werden für unterschiedliche Belastungen gemessen und in Form von Wöhlerkurven dargestellt. Die maximale Belastung, bei der im Laufversuch mindestens 10^7 Lastwechsel ohne Zahnbruch ertragen werden, entspricht der Dauerfestigkeit.

3.1.2 Resonanzpulsator

In Abb. 13 ist der verwendete 20 Mp-Resonanzpulsator gezeigt. Seine Hauptbauteile sind eine Mittel- und eine Schwingkraftfeder, der Fliehkrafterreger und der Kraftmesser

mit dem Prüfrad. Durch Belasten der Mittelkraftfeder mit Hilfe einer Schraubenspinde werden die statischen Kräfte aufgebracht. Dieser Mittelkraft wird dann die gewünschte Schwingkraft überlagert, die einen sinusförmigen Verlauf zeigt und durch den Fliehkrafterreger erzeugt wird. Dieser ist antriebsseitig mit der Schwingkraftfeder verbunden und wird über eine biegsame Welle von einem im Bett installierten, regelbaren Gleichstrommotor angetrieben. In Abb. 13 oben rechts ist die Einspannung der geradverzahnten Stirnräder im Pulsator wiedergegeben. Zwei stirnflächig parallele Backen übertragen die Schwingkraft auf zwei Zähne des Versuchsrades. Der Kraftangriff erfolgt dabei über der ganzen Zahnbreite in Richtung der Eingriffslinie, und der Kraftangriffspunkt auf der Zahnflanke kann in Grenzen variiert werden durch Veränderung der zwischen den Backen eingespannten Zähnezahl.
Die untere Schwingkraftgrenze P_u, durch welche das Zahnrad in der Einspannung festgehalten wird, bleibt konstant; nur die obere Schwingkraftgrenze P_0 wird von Versuch zu Versuch geändert. Auch im Pulsatorversuch werden die Lastspielzahlen bis zum Zahnbruch für unterschiedliche Belastungen gemessen. Im Gegensatz zum Laufversuch entspricht die maximale Belastung, bei der im Pulsatorversuch ohne Zahnbruch nur etwa $5 \cdot 10^6$ Lastwechsel ertragen werden, der Dauerfestigkeit. Diese geringere Lastwechselzahl ist deswegen zulässig, weil im Pulsatorversuch im Vergleich zum Laufversuch der Übergang von Zeit- zum Dauerfestigkeitsgebiet im allgemeinen bei geringeren Lastwechselzahlen liegt.

3.2 Versuchsauswertung

Die Versuchsergebnisse werden zweckmäßigerweise in Form von Wöhlerkurven dargestellt, wobei die Zahnkraft P_N bzw. das Drehmoment *Md* über der bis zum Zahnbruch ertragenen Lastwechselzahl *Lw* aufgetragen wird, wie dies an einem Beispiel in Abb. 14 gezeigt ist. Die Ergebnisse an einem Rad aus Ck 45 N sind jeweils in einem Diagramm mit linear geteilten Koordinaten (oben), im halblogarithmischen System (Abbildungsmitte) und in einem Diagramm mit logarithmisch geteilten Koordinaten (unten) aufgetragen.
Letztere Art der Darstellung ist die gebräuchlichste und für die Versuchsauswertung deshalb vorteilhaft, da sich im Zeitfestigkeitsgebiet annähernd eine Gerade und der Übergang von Zeit- zum Dauerfestigkeitsgebiet praktisch als Knick in der Wöhlerkurve ergibt.
Da sowohl im Lauf- als auch im Pulsatorversuch die dauernd übertragbare Zahnkraft bzw. das zulässige Drehmoment für Räder mit definierten Abmessungen ermittelt werden, sind die Versuchsergebnisse nicht unmittelbar auf Räder mit anderen Abmessungen übertragbar. Zum Vergleich wird deshalb die im Zahnfuß auftretende maximale Beanspruchung herangezogen.

3.3 Bestimmung der Zahnfußbeanspruchung und Zahnfußfestigkeit

Als Kriterium für die Beanspruchung im Zahnfuß hat sich die Zahnfußvergleichsspannung nach NIEMANN [5] als gut geeignet erwiesen (Abb. 15). Dabei wird angenommen, daß die größte Beanspruchung infolge der Zahnnormalkraft P_N im Zahnfuß an der auf Zug beanspruchten Seite des Zahnes im Berührungspunkt der 30°-Tangenten an die Zahnfußausrundung auftritt, wo auch im allgemeinen der Bruch ansetzt. Diese Zahnfußvergleichsspannung setzt sich aus den durch die Zahnkraft hervorgerufenen Biege-, Druck- und Schubspannungen wie folgt zusammen:

$$\sigma_v = \sqrt{(\sigma_b - \sigma_d)^2 + (\mu \cdot \tau_m)^2} \qquad (1)$$

mit

σ_v = Zahnfußvergleichsspannung (kp/mm²)
σ_b = Biegespannung (kp/mm²)
σ_d = Druckspannung (kp/mm²)
τ_m = Schubspannung (kp/mm²)
μ = Schubspannungsbeiwert

Die Formeln für die einzelnen Spannungskomponenten sind in Abb. 15 angegeben. Dabei sind:

P_N = Zahnnormalkraft (kp)
b = Zahnbreite (mm)
s_q = Zahndicke im Berechnungsquerschnitt zwischen den 30°-Tangenten an die Fußausrundungen des Zahnprofils (mm)
h = Biegehebelarm (mm)
α' = Pressungswinkel

Nach Einsetzen der Formeln für die Biege-, Druck- und Schubspannung in die Gleichung für die Zahnfußvergleichsspannung ergibt sich:

$$\sigma_v = \frac{P_N \cdot \cos \alpha'}{\mathrm{b} \cdot s_q} \sqrt{\left(\frac{6\,\mathrm{h}}{s_q} - \tan \alpha'\right)^2 + \mu^2}$$

Unter Benutzung der Beziehung

$$P_U = P_N \cdot \cos \alpha_0$$

erhält man:

$$\sigma_v = \frac{P_U}{b \cdot m} \cdot q_v \qquad (2)$$

$$\text{mit } q_v = \frac{m \cdot \cos \alpha'}{s_q \cdot \cos \alpha_0} \sqrt{\left(\frac{6\,\mathrm{h}}{s_q} - \tan \alpha'\right)^2 + \mu^2}$$

Es bedeuten:

P_U = Umfangskraft (kp)
α_0 = Eingriffswinkel
m = Stirnmodul (mm)

Der Wert q_v wird als Zahnformfaktor bezeichnet, da er außer dem Schubspannungsbeiwert nur geometrische Größen des Zahnrades beinhaltet. Er kann für jede Verzahnung vorausberechnet werden.
Eine genügend genaue Übertragbarkeit der Versuchsergebnisse auf Räder mit anderen Abmessungen hängt bei diesem Spannungsansatz in erster Linie von der Größe des Schubspannungsbeiwertes μ ab. Nach Niemann wird in der Auswertung der im folgenden beschriebenen Versuche $\mu = 2{,}5$ bzw. $\mu^2 = 6{,}25$ eingesetzt [5].
Als Beispiel dafür, daß mit Hilfe dieser Vergleichsspannung die Zahnfußfestigkeit von Rädern aus gleichem Werkstoff, jedoch unterschiedlicher Abmessungen miteinander verglichen werden können, sind in Abb. 16 die Zahnkraft P_N und die Zahnfußvergleichsspannung σ_v zweier Verzahnungen über der Lastwechselzahl in Form von

Wöhlerkurven aufgetragen. Die Zahnfußvergleichsspannungen stimmen demnach gut überein, wobei die Abweichungen im Bereich der Meßwertstreuung liegen. Der dauernd übertragbare Wert für die Zahnfußvergleichsspannung, dargestellt durch den waagerechten Ast der Wöhlerkurve im rechten Diagramm, wird als Zahnfußfestigkeit bezeichnet. Im Gegensatz dazu soll als Tragfähigkeit die übertragbare Zahnkraft bzw. das Drehmoment verstanden werden.

Zur Vereinfachung der Tragfähigkeitsberechnung auszuführender Getriebe wird oft nur die maximale Biegespannung im Zahnfuß bei Kraftangriff im Zahnkopf der Berechnung zugrunde gelegt. Diese Vergleichsspannung wird in der als Entwurf vorliegenden Norm DIN 3990 »Tragfähigkeitsberechnung von Stirn- und Kegelrädern mit Außenverzahnung« mit Zahnfußbeanspruchung σ_b bezeichnet. Da sich die Zahnkraft in einem Zahnradgetriebe im allgemeinen auf mehrere Zahnpaare aufteilt, wird zur Berechnung ein Faktor eingeführt, der die Überdeckung berücksichtigt. Dieser Überdeckungsfaktor q_ε dient zur näherungsweisen Umrechnung auf den äußeren Einzeleingriffspunkt bei Geradverzahnung und zur näherungsweisen Erfassung der Eingriffsverhältnisse bei Schrägverzahnung. Sind die Verzahnungsfehler so klein bzw. die Belastungen so hoch, daß sich die Umfangskraft auf zwei oder mehr Zahnpaare aufteilt, so beträgt

$$q_\varepsilon = \frac{1}{\varepsilon}$$

Bei ungenauen Verzahnungen und niedriger Belastung verteilt sich die Umfangskraft nicht in gleicher Weise auf die gleichzeitig im Eingriff befindlichen Zahnpaare. Für diesen Fall ist zu setzen:

$$q_\varepsilon = 1$$

Die Größe der Biegespannung bei Kraftangriff im äußeren Einzeleingriffspunkt nach DIN 3990 ergibt sich dann zu

$$\sigma_b = \frac{P_U}{b \cdot m} \cdot q_{kb} \cdot q_\varepsilon \tag{3}$$

mit

q_{kb} = Zahnformfaktor bei Kraftangriff im Zahnkopf

Die Formeln (2) und (3) unterscheiden sich außer durch den Überdeckungsfaktor nur durch die Zahnformfaktoren. Ein Vergleich der Zahnformfaktoren für Kraftangriff am Zahnkopf q_{kv} und q_{kb} in Abb. 17 zeigt, daß sich diese auch bei großer negativer oder positiver Profilverschiebung nur geringfügig unterscheiden. Die größte Abweichung tritt mit 5,5% bei der Zahnstange auf ($z = \infty$). Im Bereich mittlerer Zähnezahlen liegen die Abweichungen bei 2–4%.

Greift die Zahnkraft jedoch nicht am Zahnkopf, sondern an einem beliebigen Punkt der Zahnflanke an, was zumeist der Fall ist, so unterschieden sich diese Werte teilweise beträchtlich. In Abb. 18 sind die Zahnformfaktoren für beliebigen Kraftangriffspunkt auf der Zahnflanke aufgetragen. Daraus ist zu ersehen, daß mit zunehmender Verlagerung des Kraftangriffspunktes zum Zahnfuß hin die Unterschiede zwischen q_v und q_b stark zunehmen, was auf den wachsenden Schubspannungseinfluß zurückzuführen ist.

Die Größe der Zahnformfaktoren – sowohl von q_v als auch von q_b – nimmt bei Verlagerung des Kraftangriffspunktes vom Zahnfuß zum Zahnkopf hin wegen der Vergrößerung des Biegehebelarmes h stark zu. Daher wird die dauernd übertragbare Zahnkraft P_D verringert, deren gemessener Verlauf über der Zahnhöhe im oberen Diagramm von Abb. 19 an einem Beispiel gezeigt ist.

Die Größe der Zahnfußvergleichsspannung nach NIEMANN ist also nahezu unabhängig von der Wahl der Einspannbedingungen im Pulsator bzw. der Versuchsbedingungen im Laufprüfstand und eignet sich deswegen für die Auswertung der im folgenden beschriebenen Versuche besonders.
Wie aus dem unteren Diagramm hervorgeht, unterscheiden sich bei Kraftangriff in Nähe des Zahnkopfes die Zahnfußvergleichsspannung σ_v und die Zahnfußbiegespannung σ_b nur geringfügig, da ebenfalls die entsprechenden Zahnformfaktoren für Kraftangriff am Zahnkopf nur gering voneinander abweichen. Zur Tragfähigkeitsberechnung von Getrieberädern, bei der Kraftangriff am Zahnkopf zugrunde gelegt wird (DIN 3990), kann deshalb der im Versuch ermittelte Dauerfestigkeitswert der Vergleichsspannung σ_{vD} gleich der Zahnfußfestigkeit σ_{bD} gesetzt werden.

4. Einfluß von Eingriffsteilungsfehlern auf die Tragfähigkeit gehärteter Stirnräder

Voraussetzung für den störungsfreien Eingriff von zwei Evolventenstirnrädern ist die Gleichheit der Eingriffsteilungen beider Räder. Durch Eingriffsteilungsfehler wird der Zahnkraftverlauf über der Eingriffsstrecke und damit auch die Beanspruchung im Zahnfuß gegenüber fehlerfreier Verzahnung geändert. Im folgenden soll untersucht werden, wie sich Eingriffsteilungsfehler auf den Zahnkraftverlauf und die Tragfähigkeit gerad- und schrägverzahnter Stirnräder auswirken.

4.1 Definition und zulässige Größe der Eingriffsteilungsfehler

Nach DIN 3960 ist der Eingriffsteilungsfehler einer einzelnen Teilung als der Unterschied zwischen dem Istmaß und dem zulässigen Grenzmaß der Eingriffsteilung definiert. Positive und negative Eingriffsteilungsfehler bewirken eine Verlängerung bzw. Verkürzung der Solleingriffsteilung. Die Abb. 20 zeigt drei Zähne eines Rades, die mit einem fehlerlosen Ritzel gepaart sind. Radzahn 2 und 3 haben die vorgeschriebene Sollage, Zahn 1 ist dagegen so versetzt, daß ein positiver Eingriffsteilungsfehler $+f_e$ entsteht.
Die zulässigen Eingriffsteilungsfehler für Stirnradverzahnungen nach DIN 867 sind in DIN 3961 und DIN 3962 in Abhängigkeit von Teilkreisdurchmesser und Modul festgelegt. In Abb. 21 sind die zulässigen Eingriffsteilungsfehler als Beispiel für den Modulbereich $m = 1{,}6 \ldots 4$ mm aufgetragen. Mit schlechterer Verzahnungsqualität nehmen demnach die zulässigen Eingriffsteilungsfehler progressiv zu.

4.2 Geradstirnräder

An Geradstirnrädern wird die gesamte Zahnkraft im Einzeleingriffsgebiet von einem Zahnpaar übertragen, im Doppeleingriffsgebiet verteilt sie sich auf zwei Zahnpaare.
Bei Vorhandensein eines Eingriffsteilungsfehlers kommt zunächst nur ein Zahn zur Anlage. Dieser muß sich um den Betrag des Fehlers in Richtung der Eingriffslinie verformen, bevor sich der zweite Zahn an der Kraftübertragung beteiligen kann. Wie die Lastaufteilung auf die zwei Zahnpaare erfolgt, hängt außer von der Fehlergröße unmittelbar von der Nachgiebigkeit der Zahnpaarung ab. Die Ermittlung des genauen

Verlaufs der Zahnfußbeanspruchung bei Vorliegen von Eingriffsteilungsfehlern setzt demzufolge die Kenntnis der Nachgiebigkeit einer Zahnpaarung über der Eingriffsstrecke voraus.

4.2.1 Nachgiebigkeit, Zahnkraftverlauf und Zahnfußbeanspruchung bei fehlerfreier Verzahnung

Die Nachgiebigkeit ist in der Mechanik als das Verhältnis aus der Verschiebung des Kraftangriffspunktes in Kraftrichtung und der Kraft definiert. Bei einer Verzahnung setzt sich diese Verschiebung in Richtung der Eingriffslinie (Kraftrichtung) nach C. Weber und K. Banaschek [9] aus einer Abplattung der Zahnflanken infolge Hertzscher Pressung und einer Formänderung des Zahnes mit anschließendem Radkörper durch Biegemoment, Quer- und Normalkraft zusammen (Abb. 22). Unter der Voraussetzung, daß die Berührflächen der Zahnflanken angenähert Zylinderflächen unendlicher Ausdehnung mit den Radien ϱ_1 und ϱ_2 darstellen, berechnet sich die Hertzsche Abplattung zu:

$$w_H = \frac{2\,P_N/b \cdot (1-\nu)^2}{\pi \cdot E}\left(\ln\frac{4\,h_1 h_2}{a^2} - \frac{\nu}{1-\nu}\right)$$

mit

$$a^2 = \frac{8\,P_N/b \cdot \varrho_m (1-\nu^2)}{\pi \cdot E}$$

und

$$\frac{1}{\varrho_m} = \frac{1}{\varrho_1} + \frac{1}{\varrho_2}$$

Die Formänderung w des Zahnes mit angrenzendem Radkörper beträgt nach [9]

$$w = \frac{P_N}{b \cdot E}\cos^2\alpha'\left[10{,}92\int_0^{y_p}\frac{(y_p-y)^2}{(2\,x)^3}\,\mathrm{dy} + 3{,}1\,(1+0{,}294\,\tan^2\alpha')\int_0^{y_p}\frac{\mathrm{dy}}{2\,x} + 5{,}2\,\frac{y_p^2}{s^2} + 1{,}0\,\frac{y_p}{s} + 1{,}4\,(1+0{,}294\cdot\tan^2\alpha')\right]$$

Es bedeuten:

w = Formänderung des Zahnes (mm)
P_N/b = Spezifische Zahnnormalkraft (kp/mm)
ν = Querkontraktionszahl (= 0,3 für Stahl)
E = Elastizitätsmodul (kp/mm²)
h = Abstand von der Berührungsstelle in Kraftrichtung bis zur Zahnmitte (mm)
$2\,a$ = Breite der Druckfläche nach Hertz (mm)
ϱ = Krümmungsradius des Zahnprofiles (mm)
α' = Pressungswinkel
x, y = Bezeichnung der Koordinatenachsen in Abb. 22
$2\,x$ = Zahndicke an der Stelle y (mm)
s = Sehne auf dem Fußkreis zwischen den Berührungspunkten der 20°-Tangenten an die Fußkurve (mm)
y_p = Abstand des Kraftangriffspunktes auf der Profilmittellinie bis zur Sehne s (mm)

Aus der Hertzschen Abplattung w_H und den Zahn- und Radkörperverformungen w_1 und w_2 von Ritzel und Rad ergibt sich die Gesamtverschiebung w_s des Eingriffspunktes auf der Eingriffslinie zu:

$$w_s = w_H + w_1 + w_2$$

In der Abb. 23 sind in dem linken Diagramm diese Verschiebungsanteile für ein geradverzahntes Stirnradpaar über der spezifischen Normalkraft P_N/b aufgetragen. Die Verformungen w_1 und w_2 sind direkt proportional der Zahnkraft. Die Verschiebung infolge Hertzscher Pressung steigt mit wachsender Zahnkraft leicht degressiv an.
Damit die Berechnungen unabhängig von der Verzahnungsbreite durchgeführt werden können, wird hier die spezifische Nachgiebigkeit als das Verhältnis $\frac{w_s}{P_N/b}$ eingeführt.

Die spezifische Nachgiebigkeit ist dann:

$$q = \frac{w_s}{P_N/b} = q_H + q_1 + q_2 = \frac{w_H}{P_N/b} + \frac{w_1}{P_N/b} + \frac{w_2}{P_N/b}$$

In dem rechten Teil des Bildes sind diese Beziehungen wiedergegeben. Während q_1 und q_2 unabhängig von der spezifischen Zahnnormalkraft sind, ergibt sich für die Nachgiebigkeit q_H ein degressiver Verlauf. Wird eine Linearisierung von q_H durchgeführt, so beeinflußt der begangene Fehler die Gesamtnachgiebigkeit um weniger als 3%. Damit wird die Nachgiebigkeit einer Zahnpaarung praktisch unabhängig von der Zahnkraft.
In Abb. 24 ist die für ein Beispiel berechnete spezifische Nachgiebigkeit über der Eingriffsstrecke dargestellt. Bemerkenswert ist, daß die spezifische Nachgiebigkeit nicht vom Modul und der Größe des Getriebes, sondern nur in Grenzen von der Zähnezahl abhängig ist [9]. Daraus ergibt sich die wesentliche Folgerung, daß die Zahnbelastung in erster Linie durch die absolute Fehlergröße beeinflußt wird. Wegen der veränderlichen Größe der spezifischen Nachgiebigkeit in Eingriffsrichtung ergeben sich in den Doppeleingriffsgebieten E_1B_1 und B_2E_2 unterschiedlich große Zahnkraftanteile für die beiden im Eingriff befindlichen Zahnpaarungen.
Die Aufteilung der Zahnnormalkraft auf die von den beiden Zahnpaaren übertragenen Zahnkräfte P_1 und P_2 wird zweckmäßigerweise durch einen Lastverteilungsfaktor ξ vorgenommen [4]. Wie aus der Abb. 25 ersichtlich ist, verteilt sich die Gesamtkraft für eine Eingriffsstellung auf folgende Weise:

Zahnkraft der Zahnpaarung 1: $P_1 = \xi_{i=1} \cdot P_N$
Zahnkraft der Zahnpaarung 2: $P_2 = \xi_{i=2} \cdot P_N$

mit $\xi_{i=1}$ ($\xi_{i=2}$) Lastverteilungsfaktor für Zahnpaarung 1 (2) an der Stelle $i = 1$ ($i = 2$).

Die Eingriffsstellungen $i = 1$ und $i = 2$ sind jeweils um die Eingriffsteilung t_e versetzt.
Die Summe dieser Einzelkräfte P_1 und P_2 muß gleich der Zahnnormalkraft P_N sein:

$$P_1 + P_2 = P_N$$

Außerdem ist das Verhältnis der Zahnkräfte umgekehrt gleich dem Verhältnis der Nachgiebigkeiten

$$\frac{P_1}{P_2} = \frac{q_{i=2}}{q_{i=1}}$$

Aus diesen Gleichungen folgt:

$$P_1 = \xi_{i=1} \cdot P_N = \frac{1}{1 + \frac{q_{i=1}}{q_{i=2}}} \cdot P_N$$

$$P_2 = \xi_{i=2} \cdot P_N = \frac{1}{1 + \frac{q_{i=2}}{q_{i=1}}} \cdot P_N$$

Das linke Diagramm der Abb. 26 zeigt für ein Beispiel den mit Hilfe dieser Gleichungen berechneten Zahnkraftverlauf einer Zahnpaarung über der Eingriffsstrecke. An einer Stelle i der Eingriffsstrecke ergeben sich die Zahnfußvergleichsspannungen für Ritzel und Rad zu

$$\begin{aligned} \sigma_{vi} &= \frac{P_i \cdot \cos \alpha_i'}{b \cdot m} \cdot q_{vi} \\ &= \xi_i \cdot \frac{P_N \cdot \cos \alpha_i'}{b \cdot m} \cdot q_{vi} \end{aligned} \tag{4}$$

Hierin bedeuten:

P_i = Zahnnormalkraft an der betrachteten Zahnpaarung (kp)

α_i' = Pressungswinkel im Kraftangriffspunkt

q_{vi} = Zahnformfaktor in der jeweiligen Eingriffsstellung i

Der Verlauf der Zahnfußvergleichsspannung über der Eingriffsstrecke an einer fehlerfreien Verzahnung ist im rechten Diagramm von Abb. 26 für Rad und Ritzel aufgetragen. Das Maximum der Zahnfußvergleichsspannung wird demnach jeweils in den äußeren Einzeleingriffspunkten B_1, B_2 erreicht. In den Doppeleingriffsgebieten beträgt die größte Zahnfußvergleichsspannung nur ca. 65% dieses Wertes. Maßgebend für die Tragfähigkeit einer fehlerfreien Verzahnung ist daher die Beanspruchung im Zahnfuß bei Kraftangriff im äußeren Einzeleingriffspunkt.

4.2.2 Zahnkraftverlauf und Zahnfußbeanspruchung an Geradstirnrädern mit Eingriffsteilungsfehlern

Durch Eingriffsteilungsfehler wird der Zahnkraftverlauf gegenüber fehlerfreier Verzahnung verändert.

Eingriffsteilungsfehler sind fertigungstechnisch bedingt und treten bei allen Verzahnverfahren auf. Beim Einzelteilverfahren entstehen sie durch Fehler des Teilgetriebes, beim Wälzverfahren können sie durch Werkzeugfehler verursacht werden. Im ersteren Fall ergibt sich eine Verlagerung der Evolvente in Eingriffsrichtung gegenüber ihrer Sollage (Abb. 20), im letzteren Fall entsteht ein Eingriffswinkel- bzw. Grundkreisfehler (Abb. 27).

In früheren Untersuchungen konnte nachgewiesen werden, wie auf Grund von Eingriffsteilungsfehlern der theoretische Verlauf der Zahnkraft und damit auch der Walzenpressung nach Form und Größe verändert wird [6]. Hierbei ergaben sich die in Abb. 28 gezeigten Zusammenhänge. Die durchgezogenen Kurven stellen jeweils den theoretischen Verlauf der Walzenpressung dar, während die gestrichelten Kurvenzüge die durch Teilungsfehler hervorgerufenen Abweichungen vom theoretischen Verlauf verdeutlichen. Die maximale Flankenpressung wird im vorliegenden Beispiel bei einer Belastung von $P_N/b = 10$ kp/mm bei einem Eingriffsteilungsfehler im Kopfgebiet von $f_e = -9$ µm erreicht. Sie wird gegenüber fehlerfreier Verzahnung im Punkt B_1 um ca. 40% im Punkt E_1 erhöht. Diese theoretisch gewonnenen Ergebnisse konnten durch Messungen an fehlerhaften Versuchsgetrieben bestätigt werden. Die Messung der Zahnbeanspruchung erfolgte mit Hilfe von Dehnmeßstreifen, die stirnseitig auf die Zähne aufgeklebt wurden. Diese Untersuchungen an geradverzahnten Stirnrädern der Übersetzung $i = 1$ erfolgte in der Weise, daß bei jeder Messung ein anderer fehlerhafter Zahn mit dem Meßzahn des geschliffenen Meisterrades gepaart wurde. In Abb. 29 sind die bei verschiedenen Eingriffsteilungsfehlern an Stahlzahnrädern aufgenommenen Oszillogramme dem berechneten Zahndehnungsverlauf gegenübergestellt. Die Messungen bei einer Umfangsgeschwindigkeit von 1,8 m/s zeigen eine gute Übereinstimmung mit den Rechenwerten. Bei höheren Umfangsgeschwindigkeiten überlagern sich in zunehmendem Maße dynamische Einflüsse.

Die experimentelle Ermittlung der Auswirkungen von Eingriffsteilungsfehlern auf die Flankentragfähigkeit ergab die in Abb. 30 eingetragenen Wöhlerlinien. Für die geschliffenen Versuchsgetriebe mit maximalen Fehlern von $f_e = 1$ µm wurde die obere Kurve gemessen. Die untere Wöhlerlinie gilt für Räder mit Fehlern von etwa $f_e = 16$ µm. Diese Radpaare konnten ohne Pittingbildung nur $P_N/b = 13$ kp/mm übertragen, während Räder mit der besseren Qualität eine dauernd übertragbare Zahnkraft von $P_N/b = 19$ kp/mm aufweisen. Die Minderung der Flankentragfähigkeit infolge von Eingriffsteilungsfehlern beträgt in diesem Beispiel mehr als 30%.

Im folgenden soll untersucht werden, inwieweit sich Eingriffsteilungsfehler auf die Zahnfußtragfähigkeit gehärteter Zahnräder auswirken.

In Getrieben werden im allgemeinen Zahnräder eingebaut, bei denen sowohl am Rad als auch am Gegenrad mehr oder weniger große Eingriffsteilungsfehler vorliegen. Die grundsätzlichen Zusammenhänge können jedoch am zweckmäßigsten zunächst an einfachen Beispielen erläutert werden. Hierbei werden ein fehlerloses Rad und Ritzel mit definierten Eingriffsteilungsfehlern entsprechend der Abb. 20 angenommen.

Für Getriebe mit fehlerhaften Rädern, auch mit Eingriffsteilungsfehlern infolge von Eingriffswinkelfehlern entsprechend Abb. 27, können die Zusammenhänge auf diese Untersuchungen zurückgeführt werden. Ebenso gelten die Untersuchungen für Stirnräder mit Flankenformfehlern, die Eingriffsteilungsfehler zur Folge haben.

In Abb. 20 sind Rad und Ritzel im Eingriff dargestellt, wobei das Rad zwischen Zahn 1 und Zahn 2 einen positiven Eingriffsteilungsfehler besitzt. Das Zahnpaar 2 wird erst dann an der Kraftübertragung beteiligt, wenn sich das Zahnpaar 1 um den Betrag des Eingriffsteilungsfehlers in Richtung der Eingriffslinie verformt hat. Für diese Verformung ist eine Kraft vom Betrage $\frac{|f_e|}{q_{i=1}}$ erforderlich. Nach dieser Verformung verbleibt die Kraft $\frac{P_N}{b} - \frac{|f_e|}{q_{i=1}}$, die sich gemäß den Lastverteilungsfaktoren auf die Zahnpaare 1 und 2 verteilt.

Für positive Eingriffsteilungsfehler am Rad (bzw. negative Eingriffsteilungsfehler am Ritzel) ergibt sich dann folgende Aufteilung der Zahnkraft:

$$\text{Zahnpaar 1:}\ \frac{P_1}{b} = \frac{|f_e|}{q_{i=1}} + \left(\frac{P_N}{b} - \frac{|f_e|}{q_{i=1}}\right)\xi_{i=1} \tag{5}$$

$$\text{Zahnpaar 2:}\ \frac{P_2}{b} = \left(\frac{P_N}{b} - \frac{|f_e|}{q_{i=1}}\right)\xi_{i=2} \tag{6}$$

Für negative Eingriffsteilungsfehler am Rad bzw. positive Eingriffsteilungsfehler am Ritzel ergeben sich entsprechende Beziehungen.
Diese Formeln gelten nur für das Doppeleingriffsgebiet, in dem die Zahnpaare 1 und 2 die Zahnkraft übertragen, also nach Abb. 20 für das Fußeingriffsgebiet am Ritzelzahn 1 bzw. das Kopfeingriffsgebiet am Radzahn 1. Kommt Zahnpaar 2 außer Eingriff, so wird die gesamte Zahnkraft von Zahnpaar 1 übertragen, bis Zahnpaar 3 in Eingriff kommt. Da der positive Eingriffsteilungsfehler zwischen Zahn 1 und Zahn 2 am Rad in diesem Falle einen negativen Fehler der Teilung zwischen Zahn 1 und Zahn 3 zur Folge hat, gelten im Doppeleingriffsgebiet, in dem die Zahnpaare 1 und 3 die Zahnkraft übertragen – also im Kopfeingriffsgebiet des Ritzelzahnes 1 bzw. Fußeingriffsgebiet des Radzahnes 1 – die Gleichungen entsprechend für die Zahnkräfte P_1/b und P_3/b. Durch Einsetzen der Formeln (5) und (6) in Gleichung (2) kann der Spannungsverlauf über der Eingriffsstrecke, wie er in Abb. 31 für die Zahnpaarung 1 aufgetragen ist, für unterschiedliche Eingriffsteilungsfehler berechnet werden.
Aus dem unteren Diagramm geht hervor, daß bei großen positiven Eingriffsteilungsfehlern $f_e \geq +60$ µm bei der hier zugrunde gelegten Zahnkraft $P_N/b = 75$ kp/mm im Fußeingriffsgebiet des Ritzels bzw. Kopfeingriffsgebiet des Rades E_1B_1 die gesamte Zahnkraft P_N von Zahnpaarung 1 übertragen wird und die Zahnpaarung 2 damit vollständig entlastet ist, während im Kopfeingriffsgebiet des Ritzels bzw. Fußeingriffsgebiet des Rades B_2E_2 die Zahnpaarung 1 vollkommen entlastet und damit die gesamte Zahnkraft von Zahnpaar 3 übertragen wird. Bei negativen Eingriffsteilungsfehlern am Rad ergeben sich die umgekehrten Verhältnisse.
Die Änderung der Zahnkraft durch Eingriffsteilungsfehler hat ebenfalls eine Erhöhung bzw. Verminderung der Zahnfußvergleichsspannung zur Folge. Im Fußeingriffsgebiet des Ritzels bzw. im Kopfeingriffsgebiet des Rades erhöht sich die Zahnfußvergleichsspannung bei positiven Eingriffsteilungsfehlern am Rad bzw. negativen am Ritzel, während sie im Kopfeingriffsgebiet des Ritzels und Fußeingriffsgebiet des Rades vermindert wird. Für positive Fehler $f_e \geq 33$ µm wird das Einzeleingriffsgebiet vergrößert bzw. das Doppeleingriffsgebiet verkleinert bis zu einem »Grenzfehler« $f_e \approx 60$ µm, bei dem im Gebiet E_1B_1 Zahnpaar 2 vollkommen entlastet und die gesamte Zahnkraft nur noch von Zahnpaar 1 übertragen wird. Bei Vorhandensein von negativen Eingriffsteilungsfehlern am Rad bzw. positiven am Ritzel gelten die entsprechenden Überlegungen.
Durch positive Eingriffsteilungsfehler am Rad wird zwar die Zahnfußvergleichsspannung im Fußeingriffsgebiet E_1B_1 des Ritzels erhöht, sie erreicht aber auch bei sehr großen Fehlern nicht den Wert, der bei fehlerfreier Verzahnung im Einzeleingriffsgebiet im äußeren Einzeleingriffspunkt B_2 vorliegt. Am Rad hingegen wird im Kopfeingriffsgebiet bei Fehlern $f_e \geq 33$ µm die Zahnfußvergleichsspannung gegenüber fehlerfreier Verzahnung größer. Für dieses Beispiel wird sie für $f_e \geq 60$ µm um ca. 50% gegenüber der bei fehlerfreier Verzahnung im Punkt B_1 erhöht.
Wie schon erwähnt, hat der positive Eingriffsteilungsfehler am Rad zwischen Zahn 1 und 2 einen negativen Fehler zwischen Zahn 1 und 3 zur Folge. Aus Abb. 31 im linken, oberen Diagramm ist zu ersehen, daß im Kopfeingriffsgebiet des Ritzels bei Fehlern $f_e \geq -33$ µm die Zahnfußvergleichsspannung im äußeren Einzeleingriffspunkt B_2, der sich nach E_2 verschiebt, gegenüber fehlerfreier Verzahnung bis zu maximal etwa 62% erhöht wird.

Die größte Steigerung der Zahnfußvergleichsspannung wird also bei derartigen Eingriffsteilungsfehlern am Ritzel hervorgerufen. Dieses ist auf die größeren Zahnformfaktoren im Kopfeingriffsgebiet des Ritzels gegenüber denen am Rad zurückzuführen. Der Einfluß von Eingriffsteilungsfehlern soll deshalb in den weiteren Überlegungen vorwiegend für den Kraftangriff im Kopfeingriffsgebiet des Ritzels untersucht werden, wobei negative Eingriffsteilungsfehler am Rad bzw. positive Fehler am Ritzel zugrunde gelegt werden.

4.2.3 *Zulässige Eingriffsteilungsfehler an gehärteten Geradstirnrädern*

Durch relativ kleine Eingriffsteilungsfehler wird zwar die Zahnfußvergleichsspannung im Kopfeingriffsgebiet des Ritzels gegenüber der bei fehlerfreier Verzahnung erhöht. Sie erreicht jedoch nicht den Wert im äußeren Einzeleingriffspunkt B_2, der auch an fehlerfreien Stirnrädern auftritt. Bezeichnet man diese auch bei fehlerfreier Verzahnung im äußeren Einzeleingriffspunkt B_2 auftretende, maximale Zahnfußvergleichsspannung als zulässigen Wert $\sigma_{v_{\text{zul}}}$ (diese entspricht der Zahnfußfestigkeit σ_{v_D}), so ist derjenige Eingriffsteilungsfehler zulässig ($f_{e_{\text{zul}}}$), bei dem die maximale Zahnfußvergleichsspannung σ_{v_M} im Kopfeingriffsgebiet des Ritzels gleich der im äußeren Einzeleingriffspunkt $\sigma_{v_{\text{zul}}}$ wird. Diese Bedingung ist im unteren Diagramm von Abb. 32 skizziert. Die maximale Spannung tritt im Punkt M auf. Dann muß sein:

$$\sigma_{v_{B_2}} = \sigma_{v_M} = \sigma_{v_{\text{zul}}}$$

Mit Gleichung (4) gilt:

$$\sigma_{v_M} = \frac{P_M}{b} \cdot \frac{\cos \alpha'_M}{m} \cdot q_{v_M} = \sigma_{v_{\text{zul}}}$$

Unter Benutzung der angegebenen Gleichungen kann nach einigen Umformungen der zulässige Eingriffsteilungsfehler bestimmt werden zu:

$$|f_e|_{\text{zul}} = \sigma_{v_{\text{zul}}} \cdot m \cdot \frac{q_{i=M}}{1 - \xi_{i=M}} \left(\frac{1}{\cos \alpha'_M \cdot q_{v_M}} - \frac{\xi_{i=M}}{\cos \alpha'_{B_2} \cdot q_{v_{B_2}}} \right) \qquad (7)$$

Der zulässige Eingriffsteilungsfehler an geradverzahnten Getrieben ist also direkt proportional der zulässigen Zahnfußvergleichsspannung bzw. der Zahnfußfestigkeit und dem Modul. Weiterhin ist er abhängig von der Lage des äußeren Einzeleingriffspunktes und des Spannungsmaximums auf der Eingriffsstrecke. Hierdurch werden die Kraftangriffswinkel α'_i, die Zahnformfaktoren q_{v_i}, der Lastverteilungsfaktor $\xi_{i=M}$ und die spezifische Nachgiebigkeit $q_{i=M}$ bestimmt.
Für Getriebe mit gleichen Zähnezahlen sind z. B. alle Werte bis auf m und $\sigma_{v_{\text{zul}}}$ in Gleichung (7) konstant. Der zulässige Eingriffsteilungsfehler ist also für diesen Fall direkt proportional der Zahnfußfestigkeit $\sigma_{v_{\text{zul}}}$ bzw. σ_{v_D} und dem Modul m. In Abb. 33 ist für ein Beispiel dieser zulässige Fehler in Abhängigkeit vom Modul und von der Zahnfußfestigkeit aufgetragen.
Bis auf die zulässige Vergleichsspannung $\sigma_{v_{\text{zul}}}$, die der Zahnfußfestigkeit σ_{v_D} entspricht, sind alle Größen in Gleichung (7) nur von den geometrischen Abmessungen der Getriebe abhängig. Daher kann der zulässige Eingriffsteilungsfehler an gehärteten Zahnrädern in Abhängigkeit von der Zahnfußfestigkeit und von den Getriebedaten im voraus berechnet werden. Das Ergebnis dieser Rechnung ist in Abb. 34 dargestellt. Der zulässige Eingriffsteilungsfehler $f_{e_{\text{zul}}}$ ist hier in Abhängigkeit vom Zähnezahlverhältnis u, von der Ritzelzähnezahl z_1, von der Zahnfußfestigkeit σ_{v_D} und vom Modul m aufgetragen. An Hand dieses Diagrammes ist leicht zu überprüfen, welche Eingriffsteilungsfehler bei der Fertigung eines geradverzahnten Getriebes nicht überschritten werden

dürfen, damit keine Tragfähigkeitsminderung gegenüber fehlerfreier Verzahnung auftritt.

In Abb. 35 sind berechnete, zulässige Eingriffsteilungsfehler für Getriebe mit unterschiedlichen Moduln bei verschiedenen Zahnfußfestigkeitswerten angegeben. Gleichzeitig sind die Qualitäten angeführt, die sich für die berechneten Fehler nach DIN 3962 ergeben. Hieraus ist ersichtlich, daß vor allem bei kleinerem Modul und mittlerer Zahnfußfestigkeit die zulässigen Fehlergrößen in heute üblichen DIN-Qualitäten liegen.

In Tragfähigkeitsuntersuchungen an ungehärteten Stirnrädern ergab sich, daß der Einfluß von Eingriffsteilungsfehlern auf die Tragfähigkeit nahezu modulunabhängig ist. Dagegen ist an gehärteten Rädern der Einfluß von Eingriffsteilungsfehlern auf die Tragfähigkeit sehr stark von der Modulgröße abhängig.

4.2.4 Experimentelle Ermittlung des Einflusses von Eingriffsteilungsfehlern auf die Tragfähigkeit gehärteter Stirnräder

Die bisherigen Ergebnisse über den Einfluß von Eingriffsteilungsfehlern auf die Tragfähigkeit gehärteter Stirnräder wurden rechnerisch ermittelt. Diese Ergebnisse konnten durch Lebensdaueruntersuchungen im Verspannungsprüfstand an Versuchsgetrieben mit unterschiedlichen Eingriffsteilungsfehlern bestätigt werden.

Für diese Untersuchungen wurden einsatzgehärtete Zahnräder aus 16 MnCr 5 verwendet. In Abb. 36 oben sind charakteristische Flankenform- und Zahnrichtungsprüfdiagramme der bis in den Zahngrund geschliffenen Versuchsräder eingezeichnet. Die Verzahnungsqualität der Ritzel und Räder lag bei DIN-Qualität 3 nach DIN 3962. Die Ergebnisse der Teilungsfehlermessung an einem Ritzel mit definierten Teilungsfehlern sind unten im Bild angegeben. Es wurden jeweils drei Zahnlücken des Ritzels, auf dem Umfang gleichmäßig verteilt, tiefer geschliffen, so daß definierte Teilungssprünge f_u, in diesem Beispiel $f_u = 17...19$ µm entstanden. Der Eingriffsteilungsfehler beträgt dann

$$f_e = f_u \cdot \cos \alpha_0 .$$

Zur exakten Ermittlung der Einflüsse von Eingriffsteilungsfehlern auf die Tragfähigkeit und für den Vergleich der Meß- mit den Rechenergebnissen ist es notwendig, die tatsächlich im Getriebe auftretenden Beanspruchungen zu erfassen. Infolge dynamischer Effekte treten im Verspannungsprüfstand Zusatzkräfte auf, die sich der eingestellten statischen Belastung überlagern [1]. Als Lastvergrößerungsfaktor ist das Verhältnis aus maximaler Gesamtzahnkraft P_{ges} zur statisch aufgebrachten Belastung P_{stat} definiert. Die Gesamtzahnkraft P_{ges} setzt sich aus einem statischen (P_{stat}) und einem dynamischen Anteil (P_{dyn}) zusammen:

$$V = \frac{P_{ges}}{P_{stat}} = \frac{P_{stat} + P_{dyn}}{P_{stat}} = 1 + \frac{P_{dyn}}{P_{stat}}$$

Der Lastvergrößerungsfaktor wurde mit Hilfe von Zahndehnungsmessungen ermittelt. In Abb. 37 ist er in Abhängigkeit von der Ritzeldrehzahl als Beispiel für nahezu fehlerfreie Getriebe ($f_{e\,max} \leq 4$ µm) und Getriebe mit relativ großen Eingriffsteilungsfehlern ($f_e = -60$ µm) aufgetragen. Für fehlerfreie Getriebe nimmt der Lastvergrößerungsfaktor in dem untersuchten Drehzahlbereich bis zu $n = 4000$ min^{-1} bei einer spezifischen Zahnkraft $P_N/b = 55$ kp/mm linear zu.

Bei der für die Lebensdaueruntersuchungen gewählten Drehzahl von $n = 3000$ min^{-1} wird die Gesamtbelastung im Getriebe auf das etwa 1,15fache der statisch aufgebrachten Belastung erhöht. Bei Änderung des Drehmomentes an diesen nahezu fehlerfreien Getrieben ist die Abhängigkeit des Lastvergrößerungsfaktors von der Drehzahl praktisch gleich groß. An fehlerhaften Getrieben mit Eingriffsteilungsfehlern $f_e = 60\ \mu m$, bei denen im Fehlereingriffsgebiet nur noch ein Zahnpaar an der Kraftübertragung beteiligt ist, nimmt der Lastvergrößerungsfaktor bei einer statischen Belastung $P_N/b = 35$ kp/mm, die für diese Räder dem Dauerfestigkeitswert entspricht, stärker zu. Bei einer Ritzeldrehzahl $n = 3000\ \text{min}^{-1}$ erreicht die Gesamtbelastung etwa den 1,3fachen Wert der statischen Belastung. Bei Vergrößerung der statischen Belastung auf $P_N/b = 55$ kp/mm unterscheidet sich der Lastvergrößerungsfaktor dieser Fehlerräder nur noch gering von dem der fehlerfreien Getriebe.

In Abb. 38 sind die in Laufversuchen ermittelten Wöhlerkurven für Getriebe mit Eingriffsteilungsfehlern der Kurve für fehlerfreie Zahnräder gegenübergestellt. Der zulässige Eingriffsteilungsfehler, durch den die Zahnfußbeanspruchung gegenüber fehlerfreier Verzahnung noch nicht erhöht wird, beträgt für diese Getriebe $f_{e\,zul} \approx 19\ \mu m$. So wurde an Getrieben mit Eingriffsteilungsfehlern $f_e = 17\ \mu m$ praktisch keine Tragfähigkeitsminderung gegenüber den fehlerfreien Stirnrädern gemessen ($P_N = 880$ kp). Durch Eingriffsteilungsfehler $f_e = 25\ \mu m \geq f_{e\,zul}$ wurde die dauernd übertragbare Zahnkraft gegenüber fehlerfreier Verzahnung um ca. 20% herabgesetzt. Eingriffsteilungsfehler $f_e = 60\ \mu m$ verminderten die dauernd übertragbare Zahnkraft auf $P_N = 550$ kp. Dieser Eingriffsteilungsfehler ist größer als der Grenzfehler. Die gesamte Zahnkraft wird im Fehlereingriffsgebiet nur von einer Zahnpaarung übertragen, so daß gegenüber fehlerfreier Verzahnung die größtmögliche Tragfähigkeitsminderung auftritt. Für diese niedrigste Belastung $P_N = 550$ kp ergibt sich der Grenzfehler $f_e = 34\ \mu m$. Fehler $f_e = 34\ \mu m$ bewirken an diesen Getrieben daher die größtmögliche Tragfähigkeitsminderung. An Rädern mit Eingriffsteilungsfehlern $f_e = 35\ \mu m$ wurde deshalb auch eine nahezu gleiche Tragfähigkeitsminderung wie an Getrieben mit $f_e = 60\ \mu m$ gemessen.

Aus den gemessenen dauernd übertragbaren Zahnkräften kann unter Berücksichtigung der Zahnformfaktoren q_v für die jeweilige Eingriffsstellung, bei der die maximale Zahnfußbeanspruchung auftritt, und der Lastaufteilung die Zahnfußfestigkeit σ_{v_D} berechnet werden. Für Räder mit Fehlern $f_e \leq 19\ \mu m$ wurde dabei der gemessene Zahnformfaktor für Kraftangriff im äußeren Einzeleingriffspunkt und die gesamte Zahnnormalkraft, für Räder mit Fehlern bis $f_e = 34\ \mu m$ (Grenzfehler) der Zahnformfaktor bei Kraftangriff im Spannungsmaximum des Doppeleingriffsgebietes und ein der Lastaufteilung entsprechender Anteil der Zahnkraft und für Räder mit $f_e > 34\ \mu m$ der Zahnformfaktor bei Kraftangriff im Zahnkopf und ebenfalls die Gesamtzahnkraft zugrunde gelegt. Das Ergebnis dieser Berechnung ist in Abb. 39 dargestellt. Danach ergibt sich für alle Versuchsradserien nahezu der gleiche Zahnfußfestigkeitswert $\sigma_{v_D} = 45\ \text{kp/mm}^2$. Diese Meßergebnisse bestätigen damit die theoretischen Überlegungen über den Einfluß von Eingriffsteilungsfehlern auf den Zahnkraftverlauf und die Zahnfußbeanspruchung gehärteter Stirnräder.

Während Eingriffsteilungsfehler die Flankentragfähigkeit ungehärteter, geradverzahnter Stirnräder nahezu unabhängig von der Verzahnungsgeometrie beeinflussen, ist ihre Auswirkung auf die Zahnfußbeanspruchung vor allem von der Größe des Moduls, aber auch von den Ritzel- und Radzähnezahlen bzw. von der Übersetzung abhängig.

Der zulässige Eingriffsteilungsfehler an gehärteten Stirnrädern, bei dem gerade noch keine Erhöhung der Zahnfußbeanspruchung bzw. Minderung der Tragfähigkeit gegenüber der bei fehlerfreier Verzahnung auftritt, nimmt mit größerem Modul zu. Bei höherer Zahnfußfestigkeit wird ebenfalls der zulässige Eingriffsteilungsfehler vergrößert.

Insbesondere an Getrieben mit kleineren Moduln und mittlerer Zahnfußfestigkeit kann durch Eingriffsteilungsfehler, die bei dem heutigen Stand der Verzahnungstechnik üblich sind, die Tragfähigkeit gehärteter Stirnräder vermindert werden. Für Getriebe mit größeren Moduln und auch mit höherer Zahnfußfestigkeit nimmt der Einfluß von Eingriffsteilungsfehlern ab. Unter Berücksichtigung der dynamischen Zusatzkräfte lassen sich die durch Eingriffsteilungsfehler bewirkte Erhöhungen der Zahnfußbeanspruchung und die Minderung der Tragfähigkeit geradverzahnter Stirnräder im voraus berechnen.

4.3 Schrägstirnräder

Im Gegensatz zur Geradverzahnung tritt bei der Schrägverzahnung – außer an sehr schmalen Zahnrädern und an Rädern mit kleinen Schrägungswinkeln – theoretisch kein Einzeleingriff auf. Infolge der Sprungüberdeckung sind mehrere Zähne zugleich im Eingriff, die an der Kraftübertragung beteiligt sind. Die Berührungslinien laufen nicht wie bei der Geradverzahnung achsparallel, sondern schräg über die Zahnflanken. In der Eingriffsebene schließen sie mit der Achsrichtung den Winkel β_g ein. Aus diesen Gründen ergibt sich bei der Schrägverzahnung grundsätzlich eine andere Belastungsverteilung über der Zahnbreite und damit eine andere Zahnfußbeanspruchung als an Geradstirnrädern.

4.3.1 Tragfähigkeit von fehlerfreien Stirnrädern

Zwar sind bei der Schrägverzahnung im allgemeinen mehrere Zähne an der Kraftübertragung beteiligt, jedoch tragen nicht alle Zähne in jeder Eingriffsstellung auf ihrer vollen Länge.
Die Gesamt-Berührungslänge aller tragenden Zähne ist aber im Vergleich zur Geradverzahnung größer, wie eine Gegenüberstellung der Eingriffsfelder und Berührungslinien in Abb. 40 erkennen läßt. Eingezeichnet ist jeweils die Eingriffsstellung, bei der die Zähne mit der kürzesten Berührungslänge auf gleicher Breite tragen. Für Geradverzahnung – links im Bild – ergibt sich die höchste Beanspruchung im Zahnfuß, wenn die gesamte Zahnkraft von einem Zahnpaar bei größtmöglichem Biegehebelarm, also im äußeren Einzeleingriffspunkt B_2, aufgenommen werden muß. Wie in Bildmitte oben gezeigt, tragen auch bei kleinen Schrägungswinkeln $\beta_g \approx 9{,}6°$ und relativ geringer Breite $b = 18$ mm bei der Gesamt-Berührungslänge $l_{\text{ges}} = 26$ mm gegenüber $l = 18$ mm bei Geradverzahnung noch drei Zähne. Durch Vergrößerung der Zahnbreite auf $b = 30$ mm (Abbildungsmitte unten) wird bei dieser Verzahnung nicht die Zahl der im Eingriff befindlichen Zähne, wohl aber die Gesamt-Berührungslänge auf $l_{\text{ges}} = 51{,}5$ mm vergrößert. Bei relativ großem Schrägungswinkel $\beta_g \approx 30{,}7°$ und kleiner Zahnbreite $b = 18$ mm (rechts oben im Bild) sind z. B. auch nur drei Zähne an der Kraftübertragung beteiligt. Hier wird jedoch durch Vergrößerung der Zahnbreite auf $b = 30$ mm (rechts unten im Bild) nicht nur die Gesamtberührungslänge auf $l_{\text{ges}} = 51{,}5$ mm gegenüber 28 mm bei der schmalen Verzahnung erhöht, sondern auch die Zahl der tragenden Zahnpaare vergrößert.
Die größere Zahl der an der Kraftübertragung beteiligten Zahnpaare bewirkt eine Erhöhung der Tragfähigkeit gegenüber Geradverzahnung einerseits dadurch, daß die gesamte Zahnkraft auf eine größere Berührungslänge verteilt wird, zum anderen tragen außerdem noch an Zähnen, bei denen die Berührungslinie nicht über die gesamte Zahnbreite geht, die zur Berührungslinie angrenzenden Teile der Zähne mit.

Eine näherungsweise Berechnung der Tragfähigkeit von Schrägstirnrädern wird z. B. von NIEMANN [5] angegeben, ihre genaue Bestimmung ist jedoch bisher nicht möglich. Sie wird vor allem dadurch erschwert, daß die höchste Beanspruchung nicht mehr im Zahnfuß in Nähe der 30°-Tangente an die Fußausrundung, sondern oft sogar auf der Zahnflanke vorliegt, so daß bei Überlastung Schrägbrüche bzw. Zahneckbrüche auftreten. Ein exakter Vergleich der Tragfähigkeitswerte für Gerad- und Schrägverzahnung ist deshalb nur auf Grund experimenteller Tragfähigkeitsuntersuchungen durchzuführen.

Im Laufprüfstand gemessene Wöhlerkurven für nahezu fehlerfreie Getriebe mit unterschiedlichen Schrägungswinkeln sind in Abb. 41 dargestellt. Die Eingriffsverhältnisse entsprechen denen in Abb. 40 für eine Zahnbreite $b = 18$ mm. Gegenüber Geradverzahnung wird in diesem Fall durch einen Schrägungswinkel von $\beta_0 \approx 10°$ die übertragbare Zahnkraft um ca. 11% und bei einem Schrägungswinkel von $\beta_0 \approx 33°$ um etwa 22% erhöht.

Während bei der Geradverzahnung im ungünstigsten Fall – äußerer Einzeleingriffspunkt – nur ein Zahnpaar trägt, sind bei der Schrägverzahnung mit $\beta_0 = 10°$ mindestens zwei Zahnpaare und an Getrieben mit $\beta_0 = 33°$ mindestens drei Zahnpaare an der Kraftübertragung beteiligt. Eine Ursache für die nur geringe Erhöhung der Tragfähigkeit ist darin zu suchen, daß bei den Versuchen Zahnrichtungs- und Eingriffsteilungsfehler, vor allem an den schrägverzahnten Getrieben, nicht ganz ausgeschaltet werden konnten.

4.3.2 Einfluß von Eingriffsteilungsfehlern auf die Lastaufteilung und Tragfähigkeit schrägverzahnter Stirnräder

Eingriffsteilungsfehler können bei Schrägstirnrädern eine Ent- bzw. zusätzliche Belastung eines oder mehrerer der im Eingriff befindlichen Zahnpaare bewirken. Im ungünstigsten Fall werden die Zähne mit den längsten Berührungslinien entlastet. In Abb. 42a ist ein derartiger Fall gezeigt. Durch große negative Eingriffsteilungsfehler zum Vorzahn bzw. positive zum Nachzahn wird der Zahn mit der größten Berührungslänge entlastet, so daß nur noch zwei Zähne mit relativ kurzen Berührungslinien tragen. Da die Nachgiebigkeit einer Schrägverzahnung im allgemeinen kleiner ist als die der Geradverzahnung, treten auch bei gleichen Eingriffsteilungsfehlern größere Belastungsänderungen auf bzw. ist in diesem Fall der Zahn mit der größeren Berührungslänge schon bei einem kleineren Eingriffsteilungsfehler als bei Geradverzahnung vollkommen entlastet.

Da die Nachgiebigkeit für Schrägverzahnung bisher noch nicht exakt bestimmt werden kann und außerdem der Zusammenhang zwischen Zahnkraft und Zahnfußbeanspruchung bzw. maximaler Spannung auf der Zahnflanke nicht bekannt ist, läßt sich die rechnerische Bestimmung des Einflusses von Eingriffsteilungsfehlern auf die Tragfähigkeit schrägverzahnter, gehärteter Stirnräder noch nicht durchführen.

Eine versuchstechnische Ermittlung der Auswirkungen von Eingriffsteilungsfehlern an Schrägstirnrädern im Vergleich zu Geradstirnrädern ist jedoch möglich.

Dazu wurde die Tragfähigkeit von Getrieben mit einem relativ großen Schrägungswinkel von $\beta_0 \approx 33°$ im Laufprüfstand gemessen. In Abb. 43 sind Wöhlerkurven für Getriebe mit unterschiedlichen Eingriffsteilungsfehlern eingezeichnet. Durch Eingriffsteilungsfehler $f_e = 60$ μm wird an diesen Getrieben die dauernd übertragbare Zahnkraft von $P_N = 1250$ kp auf 660 kp, also um 47% vermindert. Bei dieser Fehlergröße liegt, wie durch Tragbildmessungen nachgewiesen wurde, der Belastungsfall nach Abb. 42a vor; im Dauerfestigkeitsbereich ist der Zahn mit der größten Berührungslinie vollkommen entlastet. In dieser Eingriffsstellung tragen nur die Zähne 1 und 3 auf einer relativ kurzen Berührungslänge. Durch Eingriffsteilungsfehler $f_e = 17\ \mu m$, bei denen nach Tragbildmessungen der Zahn mit der längsten Berührungslinie an der Kraftübertragung beteiligt ist, wurde die Tragfähigkeit um ca. 20 bzw. 25% herabgesetzt.

4.4 Vergleich: Geradstirnräder – Schrägstirnräder

Die Ergebnisse an den gerad- und schrägverzahnten Stirnrädern mit einer Zahnbreite $b = 18$ mm sind in Abb. 44 gegenübergestellt. Während die dauernd übertragbare Zahnkraft der geradverzahnten Stirnräder bis zum zulässigen Fehler $f_{e\,zul} = 17\ \mu m$ konstant bleibt, bei weiterer Fehlervergrößerung bis zum Grenzfehler $f_e = 35\ \mu m$ linear abnimmt und darüber hinaus wieder konstant ist, nimmt sie bei den schrägverzahnten Stirnrädern degressiv ab. Im Fehlerbereich $f_e = 15...20\ \mu m$ ist die Tragfähigkeit der Schrägstirnräder nur noch etwa vergleichbar der der Geradstirnräder. Bei größeren Fehlern ergibt sich für die Schrägverzahnung eine größere Tragfähigkeit bis etwa zu einem Fehler $f_e = 60\ \mu m$, bei der ihre Tragfähigkeit nur noch der der Geradverzahnung entspricht.

Die Minderung der Tragfähigkeit schrägverzahnter Stirnräder durch relativ kleine Eingriffsteilungsfehler ist dadurch zu erklären, daß hierbei im Gegensatz zur Geradverzahnung kein Einzeleingriffsgebiet vorliegt und daß deswegen die bei fehlerfreier Verzahnung auftretende maximale Beanspruchung auch schon durch kleine Eingriffsteilungsfehler erhöht wird.

Bemerkenswert ist die Tatsache, daß sich bei wirksamen Eingriffsteilungsfehlern von $f_e = 15...20\ \mu m$, mit denen im praktischen Fall zu rechnen ist, in diesem Beispiel keine Vorteile der Schrägverzahnung gegenüber der Geradverzahnung bezüglich der Tragfähigkeit ergeben. Die auf Grund der größeren Gesamtberührungslänge und wegen der geringen Nachgiebigkeit höhere Tragfähigkeit der Schrägverzahnung wird nur dann ausgenutzt, wenn eine hohe Verzahnungsqualität eingehalten wird.

5. Einfluß von Flankenrichtungsfehlern auf die Tragfähigkeit gehärteter Stirnräder

Berühren sich fehlerfreie Zahnflanken zweier geradverzahnter Stirnräder, dann erhält man momentan eine Berührungslinie, deren Länge unabhängig von der Belastung gleich der Verzahnungsbreite ist. Liegt jedoch innerhalb der Eingriffsebene der beiden Zahnflanken eine Richtungsabweichung vor, dann ergibt sich im lastfreien Fall nur ein Berührungspunkt. Erst durch Aufbringung einer Belastung entsteht auf Grund elastischer Verformungen an den im Eingriff befindlichen Zähnen wiederum eine Berührungslinie, deren Länge nunmehr von der Größe der Belastung, der Nachgiebigkeit der Getriebezähne und der Größe der Richtungsabweichung zwischen den Zahnflanken abhängt. Diese Richtungsabweichung wird in der Eingriffsebene zweier Zahnräder auch »wirksamer Flankenrichtungsfehler« genannt und setzt sich aus einer Vielzahl von Komponenten zusammen.

Während Eingriffsteilungsfehler den zeitlichen Kraftverlauf in Eingriffsrichtung beeinflussen, wird durch Flankenrichtungsfehler die momentane Lastverteilung über der Verzahnungsbreite gegenüber der gleichmäßigen Verteilung bei fehlerfreier Verzahnung

derart verändert, daß Belastungsspitzen an den Zahnaußenseiten auftreten, die Grübchenbildung und Zahneck- oder -schrägbrüche zur Folge haben können. Hierfür wird ein Beispiel an einem Rad aus Ck 45 N mit einem Schrägungswinkel $\beta_0 = 33°$ in Abb. 45 gezeigt. Aus der größeren Dauerbruchzone an Zahn 1 war zu erkennen, daß dieser Zahn zuerst angebrochen bzw. ganz gebrochen sein mußte. Dadurch wurde Zahn 2 auf einer größeren Länge überlastet, so daß hieran auch ein größerer Teil als an Zahn 1 ausbrach: Durch den Ausfall von Zahn 2 wurde Zahn 3 auf seiner ganzen Länge überbeansprucht, was aus dem Anriß im Zahnfuß über der ganzen Zahnbreite zu erkennen ist. In der Praxis sind solche Schadensfälle nicht selten, bei denen über einen großen Teil des Radumfanges alle Zähne auf ihrer vollen Länge gebrochen und an einem Zahn oder wenigen Zähnen nur Teile ausgebrochen sind.
Derartige Schäden sind zumeist auf einseitiges Breitentragen zurückzuführen. Im folgenden soll nun der Einfluß von Flankenrichtungsfehlern auf die Zahnfußfestigkeit ermittelt werden.

5.1 Definition und Ursachen wirksamer Flankenrichtungsfehler

Nach DIN 3960 ist der Flankenrichtungsfehler f_β eines Zahnrades die Abweichung der Flankenlinie auf dem Teilzylinder von ihrer Sollrichtung. Er wird zumeist in μm, bezogen auf ein Bezugsmaß der Radbreite (z. B. 100 mm) angegeben. Der zulässige Flankenrichtungsfehler ist nach DIN 3967 unabhängig von den Verzahnungsdaten (Abb. 46), und damit ein an ein einzelnes Stirnrad gebundener Fertigungsfehler. Erst bei der Paarung zweier Stirnräder zu einem Getriebe ergibt sich aus den einzelnen Flankenrichtungsfehlern der wirksame Fehler, der in erster Linie durch toleranzbedingte Achsversetzungen, belastungsabhängige Gehäuse-, Lager- und Wellenverformungen sowie thermisch bedingte Verlagerungen der Getriebeelemente beeinflußt wird.
Die Abb. 47 enthält eine Zusammenstellung der wichtigsten dieser Einflußfaktoren in den Prinzipskizzen der ersten Zeile.
Wegen der Übersichtlichkeit der Darstellung sind die Fehler jeweils nur an einem Zahnrad angegeben. Eine Umrechnung der Einzelfehler in die Eingriffsebene erfolgt zweckmäßigerweise nach vorheriger Zerlegung in Komponenten innerhalb der beiden Zahnrädern gemeinsamen Umfangs- und Radialebenen. Dann unterscheidet man bei den Achsversetzungen Achsneigungs- und Achsschränkungsfehler, entsprechend der zweiten Spalte von links im Bild. Eine Verformung der Getriebewellen erfolgt ebenfalls in Radial- und Umfangsebene durch die Radial- und Umfangskomponenten der Zahnnormalkraft. Die gleichen Kraftkomponenten bewirken Verformungen von Lagern und Gehäuse, die ebenfalls zu Richtungsfehlern in den beiden Ebenen führen können. Zahnrichtungsfehler nach DIN 3960 werden im allgemeinen in der Umfangsebene, gegebenenfalls jedoch auch direkt in der Eingriffsebene gemessen.
Gleichungen zur Umrechnung der einzelnen Fehleranteile sind in der linken Spalte des Bildes angegeben. Die Richtungsfehler der Radialebene ergeben nach Multiplikation mit dem Sinus, die der Umfangsebene nach Multiplikation mit dem Cosinus des Eingriffswinkels den wirksamen Richtungsfehleranteil in der Eingriffsebene. In dieser Ebene können die einzelnen Komponenten algebraisch addiert werden. Bei bekannter Verzahnungsbreite b läßt sich der wirksame Flankenrichtungsfehler auch durch das Flankenübermaß $\ddot{U}$[1] angeben, das damit in der Eingriffsebene die Klaffung zweier Zahnflanken in μm kennzeichnet.

[1] Dieser Begriff wurde verschiedenen einschlägigen Veröffentlichungen entnommen. Obwohl es sich hier eher um einen Lagefehler als um ein »Übermaß« handelt, wird diese Bezeichnung im folgenden verwendet, um Doppelbenennungen zu vermeiden.

In theoretischen und experimentellen Untersuchungen an praktisch ausgeführten Getrieben wurden die auftretenden Flankenübermaße gemessen, statistisch ausgewertet und zulässige Fehlergrenzen ermittelt, bei denen Zweiflankeneingriff vermieden wird.
Über Zahnverformungsmessungen und Geräuschuntersuchungen wurde ferner der ungünstige Einfluß wirksamer Flankenrichtungsfehler auf das Geräuschverhalten von Stirnradgetrieben nachgewiesen [8].

5.2 Geradstirnräder

5.2.1 Belastungs- und Spannungsverteilung über der Zahnbreite an gehärteten Stirnrädern mit Flankenrichtungsfehlern

Nach rechnerischen und experimentellen Untersuchungen ergibt sich an geradverzahnten Rädern mit wirksamen Flankenrichtungsfehlern eine lineare Lastverteilung im tragenden Flankenbereich. Das Belastungsmaximum tritt – wie in Abb. 48 angegeben – an einer Zahnaußenseite auf.
Ausgehend von den Hertzschen Gleichungen wurden folgende Beziehungen für den Zusammenhang zwischen Tragbreite und Flankenübermaß gefunden:

Bei einer Berührungslänge l_0 kleiner oder gleich der Zahnbreite b gilt:

$$\ddot{U} = \frac{P_N \cdot b}{l_0^2} \left[\frac{16\,(1-\nu^2)}{\pi \cdot E} + \frac{3}{2}\,(q_1 + q_2) \right] \tag{8}$$

Für $l_0 \geq b$ gilt:

$$\ddot{U} = P_N \left[\frac{16\,(1-\nu^2)}{\pi \cdot E\,(2\,l_0 - b)} + \frac{3}{2}\,(q_1 + q_2)\,\frac{2\,l_0 - b}{l_0\,(3\,l_0 - 2\,b)} \right] \tag{9}$$

Es bedeuten:

$\ddot{U}$	=	Übermaß ≙ wirksamer Flankenrichtungsfehler, gemessen an der jeweiligen Verzahnungsbreite	[μm]
P_N	=	Zahnnormalkraft	[kp]
b	=	Verzahnungsbreite	[mm]
l_0	=	theoretische Berührungslänge	[mm]
ν	=	Querkontraktionszahl	
E	=	Elastizitätsmodul	[kp/mm²]
$q_{1,2}$	=	Nachgiebigkeit von Ritzel und Rad	$\left[\frac{\mu m}{kp/mm}\right]$

Zwischen Übermaß und Flankenrichtungsfehler, bezogen auf 100 mm Verzahnungsbreite (nach DIN 3967), besteht dann folgende Beziehung:

$$\ddot{U} = \frac{f_\beta}{100} \cdot b$$

Bei Kenntnis des wirksamen Flankenrichtungsfehlers sowie der Belastung und der Getriebedaten kann mit Hilfe dieser Formeln die Berührungslänge l_0 berechnet werden. Da Tragbild und Lastverteilung die Tragfähigkeit bzw. Lebensdauer eines Getriebes entscheidend beeinflussen, soll in experimentellen Untersuchungen nun der durch

Gl. (8) und (9) gegebene Zusammenhang auch im Hinblick auf die Berührungslänge l_0 überprüft werden.

Diese experimentellen Untersuchungen wurden im Laufprüfstand an Zahnrädern verschiedener Abmessungen durchgeführt. Die Aufbringung definierter Flankenübermaße erfolgte dabei mittels exzentrischer Lagerbuchsen an einer Getriebewelle.

Zur Markierung der Tragbilder wurden die Zahnflanken der Versuchsräder mit einem dünnen Film aus Getriebeprüflack überzogen. Nach Verdünnen des Lackes mit geeigneten Lösungsmitteln lassen sich dabei Schichtdicken von 1 bis 2 μm erzielen. Die gute Haftung dieses Lackes ermöglichte die Tragbildmessungen im Lauf unter Betriebsbedingungen, wobei nach ca. 1000 Überrollungen das Tragbild im Bereich der Flankenberührung markiert war.

Das Foto in Abb. 49 zeigt gemessene Tragbilder auf den Zahnflanken eines Versuchsradpaares mit den rechts oben im Bild angegebenen Abmessungen. Das eingestellte Flankenübermaß betrug in diesem Beispiel $\ddot{U} = 50$ μm. Deutlich gehen aus der Aufnahme die unterschiedlichen Berührungslängen l_0'' und l_0' im Doppel- und Einzeleingriffsgebiet der Verzahnung hervor.

Auf Grund der höheren Verzahnungssteifigkeit im Doppeleingriffsgebiet – zwei Zahnpaare sind gleichzeitig an der Kraftübertragung beteiligt – sind die elastischen Zahnverformungen hier kleiner, so daß sich eine kleinere Berührungslänge ausbildet.

Unterhalb des Fotos ist der Verlauf dieser Tragbreiten in Abhängigkeit vom Flankenübermaß angegeben. Wie die gemessenen Werte (ausgezogene Kurven) zeigen, erhält man bei konstanter Getriebebelastung mit zunehmendem Flankenübermaß einen steilen Abfall der Berührungslängen. Kleine Richtungsfehler jedoch – im vorliegenden Beispiel $\ddot{U} = 16$ μm im Doppeleingriffsgebiet und $\ddot{U} = 25$ μm bei Einzeleingriff – ergeben noch volles Tragen längs der gesamten Verzahnungsbreite. Das bedeutet: Fehler in dieser Größenordnung können im vorliegenden Fall durch eine Tragbildprüfung nicht mehr festgestellt werden. Gestrichelt ist in dem Diagramm der berechnete Verlauf der Berührungslängen eingetragen. Eine gute Übereinstimmung zwischen den Kurven ist vor allem im Bereich größerer Fehler festzustellen. Die zunehmenden Abweichungen bei kleineren Flankenübermaßen sind jedoch auf den Einfluß der Schichtdicke des Getriebeprüflackes zwischen den Zahnflanken zurückzuführen. Im rechten Diagramm des Bildes sind die gemessenen Tragbreiten l_0'' im Doppeleingriffsgebiet für verschiedene Getriebebelastungen dargestellt. Mit abnehmender Belastung ergibt sich danach eine erhebliche Verkleinerung der Tragbilder.

Nunmehr besteht die Möglichkeit, aus bekannten Berührungslängen und Lastverteilungen an den Zahnflanken innerhalb der Tragbreiten die maximalen Flankenbelastungen p_{max} zu berechnen. Als maximale Belastung an der Zahnaußenseite ergibt sich mit den Daten in Abb. 48:

$$l_0 \leq b : p_{max} = \frac{2 P_N}{l_0} \tag{10}$$

$$l_0 \geq b : p_{max} = \frac{P_N \cdot l_0}{b \left(l_0 - \frac{b}{2} \right)} \tag{11}$$

Diese Erhöhung der Belastung gegenüber der gleichmäßigen Lastverteilung in Getrieben ohne wirksamen Flankenrichtungsfehlern bewirkt eine Erhöhung der Flankenbeanspruchung in gleicher Größe. Die Zahnfußbeanspruchung nimmt jedoch nicht in gleichem Maße wie die maximale Belastung zu, da ein Spannungsausgleich in Zahnrichtung über den Zahn- und Fußquerschnitt stattfindet. Bei einer Berührungslänge, die kleiner als die Zahnbreite ist, trägt zusätzlich ein benachbarter Teil des Zahnes mit, der nicht unmittelbar unter der Berührungslinie liegt. Bei voller Berührungslänge, jedoch ungleichmäßiger Lastverteilung ist die Zahnfußbeanspruchung auf der weniger belasteten Zahnseite größer, die auf der höher belasteten Zahnseite kleiner als dem Belastungsverlauf an der Flanke entspricht.

Zur Bestimmung dieser Spannungsverteilung im Zahnfuß an Rädern mit Flankenrichtungsfehlern wurden Dehnungsmessungen im Pulsator und im Verspannungsprüfstand durchgeführt. Aus versuchstechnischen Gründen konnten diese Untersuchungen nur an Rädern mit Moduln $m \leq 10$ mm und Zahnbreiten $b \leq 70$ mm durchgeführt werden. Hiermit wird jedoch ein großer Teil der in der Praxis gehärteten Zahnräder erfaßt.

Die Meßanordnung im Pulsator ist in Abb. 50 gezeigt. Entweder werden zwei Zahnräder mit Flankenrichtungsfehlern gleicher Größe, die jedoch entgegengesetztes Vorzeichen besitzen, durch einen Bolzen in der Bohrung mit Zwischenring und Muttern axial gegeneinander verspannt oder zwei getrennte Verzahnungen auf einem Radkörper untersucht. Durch diese Anordnung ist gewährleistet, daß bei Belastung die Flankenrichtungsfehler nicht durch Schiefstellen der Einspannbacken ausgeglichen werden.
Der Dehnungsverlauf im Zahnfuß wird auf der Druck- bzw. Zugseite mit den Dehnungsmeßstreifen DMS gemessen, die gleichmäßig verteilt im Zahnfuß eines belasteten Zahnes in Nähe der 30°-Tangente an die Fußausrundung aufgeklebt sind. Die Zahl der eingespannten Zähne z' im Pulsator wurde so gewählt, daß die Zahnkraft an der Stelle der Zahnflanke angreift, die bei einer Getriebepaarung etwa dem äußeren Einzeleingriffspunkt entspricht.

Für ein Beispiel sind in Abb. 51 oben die Dehnungsverläufe bei verschiedenen Flankenrichtungsfehlern wiedergegeben.

Unten im Bild ist vergleichsweise die entsprechende theoretische Belastungsverteilung auf der Zahnflanke aufgetragen. Ein Vergleich der beiden Diagramme läßt erkennen, daß an der höher belasteten Zahnseite die maximale Zahnkraft p_{max} wesentlich mehr als die Dehnung im Zahnfluß und damit als die Zahnfußbeanspruchung erhöht wird. Bei einem Fehler $f_\beta = 400$ μm/100 mm ist für diese spezifische Belastung $P_N/b = 50$ kp/mm die Berührungslänge l_0 kleiner als die Zahnbreite b, wie aus dem unteren Diagramm hervorgeht. Aus dem oberen Diagramm ist zu ersehen, daß bei diesem Fehler jedoch in dem Teil des Zahnes außerhalb der berührenden Breite l_0 im Zahnfuß noch eine Dehnung gemessen wurde.

Ergebnisse von Zahndehnungsmessungen an Pulsatorrädern mit unterschiedlichen Daten sind in Abb. 52 dargestellt. Die maximale Zahnfußdehnung ε_{max} bei einem Flankenrichtungsfehler, bezogen auf die Dehnung ε_0 bei fehlerfreier Verzahnung, ist über dem Flankenrichtungsfehler f_β, bezogen auf 100 mm Verzahnungsbreite, aufgetragen. Danach nimmt das Dehnungsverhältnis $\frac{\varepsilon_{max}}{\varepsilon_0}$ jeweils mit wachsendem Flankenrichtungsfehler zu, mit Erhöhung der Zahnkraft jedoch ab. Eine Verminderung der Zahnbreite bewirkt eine Verringerung des Dehnungsverhältnisses, wie ein Vergleich der Diagramme 3 und 4 erkennen läßt.

In Abb. 53 ist das Dehnungsverhältnis $\varepsilon_{max}/\varepsilon_0$ über dem Abszissenwert Übermaß bezogen auf die spezifische Zahnnormalkraft $Ü/P_N/b$, der diese Abhängigkeiten berücksichtigt, aufgetragen. Danach ergibt sich jeweils für ein Rad mit bestimmten Abmessungen im Rahmen der Meßwertstreuungen nur ein Kurvenverlauf.

Entsprechende Messungen wurden an einem Verspannungsprüfstand vorgenommen. Die Flankenübermaße wurden wiederum mittels Exzenterbuchsen aufgebracht und die

Dehnmeßstreifen an der Stirnseite der Verzahnung im Zahnfuß so aufgeklebt, daß sie die Zahnfußausrundung tangierten.
Meßergebnisse sind in Abb. 54 gezeigt. Aus der Skizze im oberen Teil des Bildes geht die momentane Berührung des Meßzahnes mit der Flanke des Gegenzahnes hervor. Im Falle $\ddot{U} = 0$ μm, also bei gleichmäßiger Berührung der Zahnflanken, erhält man die Zahndehnung $\varepsilon_1 = \varepsilon_2 = \varepsilon_0$. Mit steigendem Flankenübermaß $\ddot{U}$ wird jedoch ε_1 verringert bei gleichzeitiger Zunahme von ε_2, wie die links und rechts gezeigten Zahndehnungsdiagramme veranschaulichen. Bezieht man die jeweiligen Maximalwerte dieser Dehnungen auf die Dehnungsspitze ε_0 bei fehlerfreier Flankenberührung, dann erhält man den im Diagramm angegebenen relativen Zahndehnungsverlauf in Abhängigkeit vom eingestellten Flankenübermaß $\ddot{U}$. Für ε_1 ergibt sich mit steigendem Flankenübermaß ein degressiver Abfall der Zahndehnung.
Erst bei Flankenübermaßen $\ddot{U} > 50$ μm wurde an diesem Zahnende keine meßbare Belastung mehr festgestellt. Die Zahndehnung ε_2 steigt dagegen zunächst etwa linear und bei größeren Fehlern degressiv mit dem Flankenübermaß an. Bei $\ddot{U} = 40$ μm – hierbei liegt eine Berührungslänge von maximal $l_0' = 30$ mm vor – erreicht ε_2 nahezu 270% der Bezugsdehnung ε_0, während ε_1 immerhin noch bei ca. 10% dieses Wertes liegt.
Im folgenden soll ein Verfahren vorgeschlagen werden, auch die höhere Zahnfußbiegespannung in Abhängigkeit vom Flankenübermaß rechnerisch zu berücksichtigen [7].
Es erscheint sinnvoll, Zusatzbelastungen auf Grund ungleichmäßigen Zahnbreitentragens durch einen Faktor zur rechnerischen spezifischen Zahnnormalkraft zu erfassen. Dann ergibt sich für diesen Faktor die Definition:

$$q = \frac{\text{Maximalwert}}{\text{Mittelwert}}$$

Für den Lastverteilungsfaktor q_F zur Berücksichtigung der effektiven Belastungen an den Zahnflanken erhält man

$$q_F = \frac{p_{\max}}{P_N/b}$$

wobei die maximale Flankenbelastung $p_{\max}$ nach den Formeln (10) und (11) berechnet werden kann. Zur Berechnung der maximalen Biegespannung im Zahnfuß wird ein Zahnbreitenfaktor q_b ermittelt:

$$q_b = \frac{b}{b_{\ddot{u}}}$$

b = Verzahnungsbreite [mm]

$b_{\ddot{u}}$ = Ersatzbreite [mm]

Die Ersatzbreite $b_{\ddot{u}}$ erhält man als doppelten Schwerpunktsabstand der Belastungsfläche (vgl. Abb. 48) von der höher belasteten Stirnseite.
Für dreieckförmige Lastverteilung, d. h. bei einer Berührungslänge l_0 kleiner oder gleich der Verzahnungsbreite b, ergibt sich

$$b_{\ddot{u}} = \frac{2}{3}\, l_0$$

Bei trapezförmiger Lastverteilung ($l_0 \geq b$) ist:

$$b_{\ddot{u}} = \frac{2}{3}\, b \cdot \frac{3\, l_0 - 2\, b}{2\, l_0 - b}$$

Hiermit ergibt sich für

$$l_0 \leq b \qquad q_b = \frac{3}{2} \cdot \frac{b}{l_0} \tag{12}$$

$$l_0 \geq b \qquad q_b = \frac{3}{2} \cdot \frac{2\,l_0 - b}{3\,l_0 - 2\,b} \tag{13}$$

In Abb. 55 ist ein Vergleich des Zahnbreitenfaktors q_b mit dem Dehnungsfaktor $\varepsilon_{max}/\varepsilon_0$ für zwei Stirnradverzahnungen unterschiedlicher Abmessungen angegeben. Hierbei wurden Flankenrichtungsfehler bis zu $f_\beta = 200$ µm/100 mm berücksichtigt, die durch Untersuchungen an gefertigten Getrieben als maximal auftretende Fehler gefunden wurden [8].

Für diesen Fehlerbereich liegt bei den hohen Belastungen an gehärteten Stirnrädern für die mit den Dehnungsmessungen erfaßten Verzahnungsbreiten bis $b = 70$ mm im allgemeinen volles Tragen über der Zahnbreite vor ($l_0 \geq b$). Die Werte q_b und $\varepsilon_{max}/\varepsilon_0$ stimmen gut überein, so daß der Rechenansatz für q_b durch die Dehnungsmessungen bestätigt wird.

Erst bei sehr kleinen Tragbreiten l_0 gegenüber der Verzahnungsbreite b ($l_0 < b$) ergeben sich für den Zahnbreitenfaktor q_b größere Werte als für den Dehnungsfaktor $\varepsilon_{max}/\varepsilon_0$. Hierbei wird mit dem Rechenansatz offensichtlich der Spannungsausgleich in Zahnbreitenrichtung noch nicht voll erfaßt. Für die untersuchten Verzahnungsbreiten bis $b = 70$ mm ist jedoch an gehärteten Getrieben nur in Extremfällen für sehr große wirksame Flankenrichtungsfehler $f_\beta > 200$ µm/100 mm die Tragbreite geringer als die Verzahnungsbreite. Im allgemeinen liegt volles Tragen vor, so daß mit Gleichung (13) die Erhöhung der Zahnfußbeanspruchung an gehärteten Stirnrädern berechnet werden kann. Diese Berechnung fand durch die Dehnungsmessungen ihre Bestätigung.

5.2.2 Experimentelle Ermittlung des Einflusses von Flankenrichtungsfehlern auf die Tragfähigkeit gehärteter Geradstirnräder

Zur Kontrolle des durch statische Messungen im Pulsator und Laufprüfstand gemessenen Dehnungsfaktors wurden Pulsator- und Laufversuche durchgeführt. In Abb. 56 sind für ein Beispiel die im Pulsatorversuch ermittelten Wöhlerkurven von Rädern mit unterschiedlichen Zahnrichtungsfehlern aufgetragen. Die dauernd übertragbare Zahnkraft – linkes Diagramm – wird durch Flankenrichtungsfehler von $f_\beta = 200$ µm bzw. 400 µm von $P_{ND} = 3{,}3$ Mp bei fehlerfreier Verzahnung auf $P_{ND} = 3{,}0$ bzw. 2,6 Mp herabgesetzt. Nach Umrechnung der übertragbaren Zahnnormalkraft P_N in die Zahnfußvergleichsspannung bei Berücksichtigung des Zahnbreitenfaktors q_b ergeben sich die Wöhlerkurven im rechten Diagramm. Die Abweichungen liegen im Bereich der Meßwert- und Versuchsstreuungen.

Weitere Ergebnisse von Pulsatorversuchen sind in Abb. 57 zusammengestellt, in dem die dauernd übertragbaren Zahnkräfte und die Zahnfußfestigkeitswerte von Rädern mit unterschiedlichen Daten und mit verschiedenen Flankenrichtungsfehlern aufgetragen sind. Auch hier nehmen die dauernd übertragbaren Zahnkräfte mit größerem Flankenrichtungsfehler ab; die Zahnfußfestigkeitswerte, errechnet aus den dauernd übertragbaren Zahnkräften unter Zugrundelegung des Dehnungsfaktors stimmen jedoch jeweils gut überein.

Im Verspannungsprüfstand gemessene Wöhlerkurven von Rädern mit unterschiedlichen Flankenrichtungsfehlern sind in Abb. 58 eingezeichnet. Die übertragbare Zahnkraft wird hierbei ebenfalls verringert. Die Berechnung der Zahnfußfestigkeit bei Berücksichtigung des Dehnungsfaktors ergibt jedoch für die Fehlerräder mit $\sigma_{v_D} = 52$ bzw. 53,5 kp/mm² wesentlich größere Werte als an den fehlerfreien Rädern mit $\sigma_{v_D} = 45$ kp/mm² (Abb. 59). Die statisch gemessenen Dehnungsfaktoren sind also für diesen Laufversuch zu groß, wenn die Flankenrichtungsfehler vor dem Versuch zugrunde gelegt werden. Diese Flankenrichtungsfehler wurden jedoch im Laufversuch durch Reibverschleiß teilweise abgebaut, was durch Fehlermessungen vor und nach dem Versuch bestätigt wurde, teilweise werden sie durch Wellen- und Lagerverformungen vermindert. Bei Berücksichtigung dieser Fehlerminderung ergeben sich auch zu den fehlerfreien Rädern vergleichbare Zahnfußfestigkeitswerte.

5.3 Schrägstirnräder

Die für Geradstirnräder angegebenen Beziehungen zwischen dem Flankenübermaß $\ddot{U}$ und der theoretischen Berührungslänge l_0 [Gleichung (8) und (9)] setzen die Kenntnis der Nachgiebigkeit der Verzahnung voraus. Für Geradverzahnung kann diese rechnerisch ermittelt werden [9]. Für schrägverzahnte Stirnräder gibt es dagegen noch keine genaue Berechnung der Nachgiebigkeit. Die Ermittlung des Einflusses von Flankenrichtungsfehlern bei Schrägstirnrädern erfolgt daher zweckmäßigerweise experimentell.

5.3.1 Lastaufteilung und Zahnfußbeanspruchung an schrägverzahnten Stirnrädern mit Flankenrichtungsfehlern

An fehlerfreien, geradverzahnten Stirnrädern tritt die höchste Zahnfußbeanspruchung bei Belastung im äußeren Einzeleingriffspunkt auf, in dem die gesamte Zahnnormalkraft angreift. In dieser Eingriffsstellung erreicht die Zahnfußbeanspruchung ebenfalls bei Flankenrichtungsfehlern ihr Maximum. Die Erhöhung der Zahnfußbeanspruchung am Zahnende entsteht dabei durch die ungleichmäßige Lastverteilung der gesamten Zahnkraft über der Zahnbreite. Im Gegensatz hierzu wird bei der Schrägverzahnung durch Flankenrichtungsfehler auch die Gesamtbelastung an einem Zahnpaar gegenüber fehlerfreier Verzahnung erhöht. Dieses soll an Hand von Abb. 60 näher erläutert werden. Hier ist für ein Beispiel die Eingriffsfläche mit den Berührungslinien von Rad und Ritzel dargestellt. Das Rad weist einen Flankenrichtungsfehler f_β auf. Während bei einer fehlerfreien Verzahnung auch bei nur geringer Belastung alle drei Zahnpaare sich berühren und an der Kraftübertragung beteiligt sind, berühren sich in diesem Fall auf Grund des Flankenrichtungsfehlers bei geringer Belastung nur die Rad- und Ritzelflanken von Zahnpaar 1 am Zahnende. Nach Erhöhung der Zahnkraft beginnt Zahnpaar 2 erst dann zu tragen, wenn Zahnpaar 1 sich um den Betrag Δw_1 verformt hat. Nun verteilt sich die Zahnkraft bei weiterer Vergrößerung auf die Zahnpaare 1 und 2, bis diese sich um die Verschiebung $\Delta w_2 - \Delta w_1$ verformt haben. Erst dann wird der verbleibende Rest der Gesamtzahnkraft auf alle drei Zahnpaare aufgeteilt. Zahnpaar 1 überträgt also im Vergleich zur fehlerfreien Verzahnung einen größeren Anteil der Umfangskraft, was mit den Belastungsverhältnissen an einer Schrägverzahnung mit Eingriffsteilungsfehlern verglichen werden kann. Außerdem ergibt sich ebenso wie bei Geradverzahnung durch die Belastungserhöhung am Zahnende eine größere Zahnfußbeanspruchung bzw. Spannung auf der Zahnflanke als bei fehlerfreier Verzahnung. Wegen der sehr kurzen Berührungslinie am Zahnende tritt bei größeren Flankenrichtungsfehlern die höchste Beanspruchung nicht im Zahnfuß, sondern auf der Flanke auf, so daß dadurch Zahneckbrüche entstehen. Aus diesen Gründen wirken sich Flankenrichtungsfehler bei der Schrägverzahnung stärker als bei der Geradverzahnung auf die Tragfähigkeit aus.

5.3.2 Experimentelle Ermittlung des Einflusses von Flankenrichtungsfehlern auf die Tragfähigkeit gehärteter Schrägstirnräder

Zur Ermittlung des Einflusses von Flankenrichtungsfehlern auf die Tragfähigkeit wurden Laufversuche an schrägverzahnten Getrieben durchgeführt. Diese besaßen gleiches Übersetzungsverhältnis und gleichen Achsabstand wie die geradverzahnten Versuchsräder, so daß die Ergebnisse miteinander verglichen werden können. In Abb. 61 sind die Wöhlerkurven für schrägverzahnte Getriebe mit und ohne Flankenrichtungsfehler eingezeichnet. Dabei ist die übertragbare Zahnkraft in Abhängigkeit von der Lastwechselzahl aufgetragen. Gegenüber Getrieben ohne Flankenrichtungsfehler ($f \leq 10$ µm), bezogen auf 100 mm Verzahnungsbreite, wird die dauernd übertragbare Zahnkraft durch Fehler $f_\beta = 200$ µm von $P_{ND} = 1250$ kp auf 720 kp vermindert. Die dauernd übertragbaren Zahnkräfte der Gerad- und Schrägverzahnung mit einer Zahnbreite $b = 18$ mm bei unterschiedlichen Flankenrichtungsfehlern sind in Abb. 62 gegenübergestellt. Während bei der Geradverzahnung durch Fehler $f_\beta = 200$ bzw. 300 µm die Tragfähigkeit gegenüber fehlerfreier Verzahnung nur um ca. 7 bzw. 16% vermindert wird, verringert sich diese bei der Schrägverzahnung durch Flankenrichtungsfehler $f_\beta = 200$ µm um 42%. Die absolute Tragfähigkeit der schrägverzahnten Getriebe ist bei Fehlern geringer als die der geradverzahnten Getriebe mit entsprechend großen Fehlern $f_\beta = 200$ µm. Dieses ist auf Zahneck- bzw. -schrägbrüche zurückzuführen.

Flankenrichtungsfehler können also einen wesentlich größeren Einfluß auf die Tragfähigkeit schrägverzahnter als auf die geradverzahnter Stirnräder ausüben. Hier wird ebenfalls wie bei den Untersuchungen über den Einfluß von Eingriffsteilungsfehlern auf die Tragfähigkeit bestätigt, daß Getriebe mit Schrägverzahnung nur dann eine wesentlich höhere Tragfähigkeit als geradverzahnte Getriebe besitzen, wenn sie eine entsprechend gute Verzahnungsqualität aufweisen.

6. Einfluß der Ausbildung der Zahnfußausrundung auf die Tragfähigkeit gehärteter Stirnräder

Zur Erzielung einer möglichst großen Tragfähigkeitserhöhung an Stirnrädern durch Härten ist sowohl auf ein gutes Härteergebnis und eine ausreichende Verzahnungsqualität als auch auf eine zweckmäßige Ausbildung der Zahnfußausrundung unbedingt zu achten. Es sind vor allem Schleif- und Schabkerben, Riefen und zu kleine Fußausrundungen, welche die durch Härten erzielbare Tragfähigkeitssteigerung infolge belastungsabhängiger Kerbspannungen beträchtlich vermindern können.

Im folgenden soll deshalb der Einfluß von Bearbeitungskerben im Zahnfuß und der Größe der Zahnfußausrundung auf die Tragfähigkeit gehärteter Räder untersucht werden.

6.1 Experimentelle Ermittlung des Einflusses von Bearbeitungskerben auf die Tragfähigkeit gehärteter Stirnräder

Als Beispiele für den Einfluß von Schleifkerben auf die Zahnfußfestigkeit sind in Abb. 63 Ergebnisse von Pulsatorversuchen an ungeschliffenen und geschliffenen einsatzgehärteten Rädern (m = 10 bzw. 3,25 mm) aufgetragen.

Durch das Härten wurde die Zahnfußfestigkeit gegenüber ungehärteten Zahnrädern zunächst um ca. 140% erhöht. An einsatzgehärteten, geschliffenen Rädern (rechte Säulen) mit Schleifkerben in Nähe des gefährdeten Fußquerschnittes (Abtrag auf der Flanke ca. 0,3–0,4 mm) beträgt die Zahnfußfestigkeit nur noch 70–75% des Wertes für einsatzgehärtete, ungeschliffene Zahnräder und ist damit nur noch um 70–80% größer als die der ungehärteten Räder.

Ähnliche Ergebnisse wurden an weiteren Zahnrädern mit unterschiedlichen Moduln und Zähnezahlen ermittelt. Dabei zeigte es sich, daß die Minderung der Tragfähigkeit von Größe und Lage der Schleifkerbe abhängig ist. Bei einem geringen Abtrag auf der Zahnflanke durch das Zahnflankenschleifen von ca. 0,1 mm und damit kleiner Schleifkerbe betrug die Tragfähigkeitsminderung teilweise weniger als 10%. Liegt die Schleifkerbe genügend hoch über dem Zahngrund, so setzt der Zahnbruch im allgemeinen nicht in der Schleifkerbe, sondern wie bei ungeschliffenen Rädern auch im gefährdeten Fußquerschnitt an, so daß in diesem Falle die Tragfähigkeit nicht wesentlich beeinflußt wird.

Diese Bedingungen, geringer Abtrag bzw. genügend großer Abstand der Schleifkerbe vom gefährdeten Fußquerschnitt, lassen sich jedoch in der Fertigung zumeist nicht gezielt erreichen. Durch Vorverzahnen der Räder mit einem Protuberanzwerkzeug bzw. Vorverzahnwerkzeug mit geändertem Eingriffswinkel (z. B. $\alpha_0 = 19°50'$ statt 20°) oder durch Schleifen der Verzahnung bis in den Zahngrund lassen sich Schleifkerben ganz vermeiden. Beim Verzahnen mit Protuberanzwerkzeug bzw. Verzahnwerkzeug mit geändertem Eingriffswinkel verbleibt auf der Zahnflanke des Werkstückes eine Bearbeitungszugabe für das Zahnflankenschleifen, während die Fußausrundung schon fertig ausgebildet wird. Nach dem Schleifen entsteht hierbei ein stufenloser Übergang im Zahnfuß. An einsatzgehärteten, geschliffenen Rädern, die mit einem Protuberanzwerkzeug vorverzahnt wurden, ergaben sich in Pulsatorversuchen gleiche Zahnfußfestigkeitswerte wie an ungeschliffenen Rädern. Eine weitere Möglichkeit ergibt sich durch das Schleifen der Zahnflanken bis in den Zahngrund. An derart geschliffenen Rädern wurden ebenfalls in zahlreichen Versuchen praktisch gleiche Zahnfußfestigkeitswerte wie an ungeschliffenen Rädern ermittelt. Für eine ausreichende Tragfähigkeit müssen dabei jedoch die Randhärte und Einhärtetiefe im Zahnfuß und die Fußausrundung nach dem Schleifen noch genügend groß sein.

Neben dem Schleifen wird das Schaben besonders in der Massenfertigung zur Erhöhung der Verzahnungsqualität angewendet. Auch hierbei entstehen im Zahnfuß Kerben, wenn kein korrigiertes Vorverzahnwerkzeug benutzt wird. Diese können ebenfalls wie Schleifkerben zu einer beträchtlichen Tragfähigkeitsminderung führen. Aus Abb. 64 geht hervor, daß durch Schabkerben von 0,2 bis 0,3 mm die Tragfähigkeit gegenüber ungeschabten Rädern von $\sigma_{v_D} = 42$ kp/mm² auf 33 kp/mm² vermindert wurde.

An Rädern mit geringerem Abtrag auf der Flanke und damit kleineren Kerben wurde entsprechend wie beim Schleifen eine weniger große Tragfähigkeitsminderung erzielt. Wegen der ähnlichen Form von Schab- und Schleifkerben sind ihre Auswirkungen auf die Zahnfußfestigkeit bei gleicher Lage und Größe gleich groß. Schabkerben können ebenso wie Schleifkerben durch Vorverzahnen der Zahnräder mit einem Protuberanzwerkzeug oder mit einem Werkzeug mit geringfügig vermindertem Eingriffswinkel vermieden werden.

Ebenso wie beim Schleifen und Schaben entsteht beim Einlaufläppen ein Absatz im Zahnfuß. Der Übergang vom geläppten zum ungeläppten Teil der Flanke ist jedoch weniger scharf und kleiner als ein Schleif- oder Schababsatz, da der Abtrag beim Läppen im allgemeinen sehr klein ist. Der sanftere Übergang ist darauf zurückzuführen, daß der Läppabsatz durch den Zahnkopf des Gegenrades ausgebildet wird, an dem ebenfalls

Material abgetragen wird. Außerdem liegt dieser Läppabsatz am unteren Ende der aktiven Flanke und damit zumeist relativ hoch über dem gefährdeten Fußquerschnitt. So wurde an ungehärteten und gehärteten, geläppten Zahnrädern keine Tragfähigkeitsminderung gegenüber ungeläppten Rädern festgestellt. In Abb. 65 sind als Beispiel Versuchsergebnisse an geläppten Rädern aus CK 45 N aufgetragen. Hieran wurden selbst bei Vergrößerung des Läppabtrages bis auf 120 μm – dieser liegt üblicherweise nur bei 10–20 μm – keine Unterschiede in der Zahnfußfestigkeit gegenüber ungeläppten Rädern gemessen. Läppabsätze verursachen demnach keine Kerbwirkung und damit keine Verminderung der Tragfähigkeit gehärteter Stirnräder.

6.2 Einfluß der Größe der Fußausrundung auf die Tragfähigkeit gehärteter Stirnräder

Gleichermaßen wie Schleif- und Schabkerben haben sehr kleine Fußausrundungen auf Grund ihrer Kerbwirkung eine erhebliche Minderung der Zahnfußfestigkeit zur Folge. Zur Bestimmung des Zusammenhanges zwischen der Größe der Fußausrundung und der Zahnfußfestigkeit werden im folgenden Ergebnisse von Pulsator- und Laufversuchen an Rädern mit unterschiedlichen Zahnfußausrundungen beschrieben. Dazu ist es zunächst erforderlich, die Beziehungen zwischen der Abrundung bzw. Anfasung am Werkzeugkopf und der Größe der Fußausrundung am Werkrad abzuleiten. Die Versuche und Berechnungen erstrecken sich dabei ausschließlich auf Stirnräder mit Evolventenverzahnung und einem Eingriffswinkel von 20° (Bezugsprofile I und II nach DIN 867).

6.2.1 Definition der Zahnfußausrundung r_f

Unter Zahnfußausrundung r_f wird hier der Krümmungsradius der Zahnfußkurve im Berührungspunkt der 30°-Tangenten an die Zahnfußkurve verstanden. Wie umfangreiche Messungen des Zahnfußgebietes bei 50facher Vergrößerung an Zahnrädern mit unterschiedlichen Abmessungen zeigten, läßt sich die Zahnfußkurve in einem relativ weiten Bereich um den Berührungspunkt der 30°-Tangenten durch einen Kreis mit dem Radius r_f annähern, wie es in Abb. 66 an einem Beispiel gezeigt ist. Die Änderung der Krümmung der Zahnfußkurve in diesem Bereich ist also nur gering. Bei der Messung der Zahnfußausrundung r_f von Zahnrädern für die im folgenden beschriebenen Versuche wurde jeweils der Radius des Kreises bestimmt, der sich am besten der Zahnfußkurve im Bereich der 30°-Tangenten anschmiegt.

6.2.2 Ausbildung der Zahnfußausrundung beim Verzahnen

Die Verzahnverfahren lassen sich nach der Erzeugung der Zahnform in Form- und Wälzverfahren unterteilen. Nur beim Formverfahren werden die Zahnlücken gleich der Werkzeugform ausgebildet. Damit ist hierbei auch die Größe der Fußausrundung gleich der Werkzeugkopfabrundung. Bei allen Wälzverfahren ist die Fußausrundung verschieden von der Größe der Werkzeugkopfabrundung. Sie ist immer größer als die Werkzeugkopfabrundung und erreicht besonders bei kleinen Zähnezahlen und auch bei starker negativer Profilverschiebung relativ große Werte im Vergleich zur Werkzeugkopfabrundung.

6.2.2.1 Ausbildung der Zahnfußausrundung beim Wälzfräsen

In Abb. 67 ist als Beispiel die Ausbildung der Zahnfußflanken und des Zahngrundes beim Wälzfräsen mit Zahnstangenwerkzeug gezeigt. Es ist zu erkennen, daß trotz des nicht abgerundeten Werkzeugkopfes eine relativ große Zahnfußausrundung erzeugt wird. Die relativen Kopfbahnen der Werkzeugkopfeckpunkte, bezogen auf das Werkrad, sind bei diesem Verfahren verschlungene, allgemeine Evolventen, die im Zahnfußgebiet mit den Zahnfußkurven identisch sind.

An ausgeführten Werkzeugen werden jedoch die Werkzeugkopfeckpunkte abgerundet. Nach DIN 3972 soll dieser Wert $r_1 \approx 0{,}2 \cdot$ Modul betragen. Wie Messungen an Wälzfräsern verschiedener Hersteller mit unterschiedlichen Moduln zeigten, ist die Werkzeugkopfabrundung jedoch zumeist erheblich kleiner, oft sind die Zahnkopfecken des Werkzeuges fast spitz ausgebildet. Mit derartigen Wälzfräsern verzahnte Räder besitzen besonders bei großen Zähnezahlen so kleine Fußausrundungen, daß die Kerbwirkung unzulässig hoch wird.

In Abb. 68 sind Zähne von Zahnstangenwerkzeugen (Profil II nach DIN 3972) mit unterschiedlichen Kopfabrundungen gezeigt. Am Werkzeugzahn links im Bild beträgt die Kopfabrundung, die tangential an der Flanke und an der Kopfgeraden ansetzt, $r_1 = 0{,}2 \cdot m$. Sie kann noch weiter vergrößert werden, ohne daß der Teil der Flanke, der die aktive Evolvente ausbildet, gekürzt wird (Abbildungsmitte). Die größtmögliche Kopfabrundung ergibt sich dabei zu $r_{1_{\text{grenz}}} = \dfrac{s_k}{1 - \sin \alpha_0}$

Auch hierbei setzt die Abrundung im Abstand m von der Profilmittellinie tangential an der Flanke an. Durch weitere Vergrößerung des Kopfradius bis zur vollen Abrundung – rechts im Bild – wird bereits ein Teil der aktiven Werkzeugflanke weggeschnitten. Dadurch ist es möglich, daß die aktive Flanke im Zahnfuß des Werkstückes nicht voll ausgebildet wird, was zu Eingriffsstörungen im Getriebe führt. Diese haben Ungleichförmigkeiten der Drehbewegung und frühzeitiges Zerstören der Zahnräder zur Folge.

6.2.2.2 Ausbildung der Fußausrundung beim Wälzstoßen mit Schneidrad

Die Ausbildung der Zahnfußausrundung beim Wälzstoßen mit Schneidrad ist an einem Beispiel in Abb. 69 dargestellt. Im Gegensatz zum Wälzfräsen rollt hier nicht eine Gerade auf einem Kreis, sondern ein Kreis auf einem Kreis ab. Der Kopfeckpunkt des Stoßzahnes beschreibt – da er außerhalb des abwälzenden Kreises liegt – relativ zum Werkrad eine verschlungene (verlängerte) Epizykloide. Die Krümmung dieser Zykloide im Zahnfuß – und damit auch die Größe der Fußausrundung – hängt u. a. von der Zähnezahl des Schneidrades ab. Mit geringerer Werkzeugzähnezahl nimmt der Krümmungsradius zu. Wegen der endlich begrenzten Zähnezahl von Stoßrädern ($z_{w_{\max}} \approx 150$) ist die Größe der Fußausrundung beim Wälzstoßen mit Schneidrad immer größer als beim Wälzfräsen ($z_w = \infty$), vorausgesetzt, daß Werkzeuge ohne Kopfabrundung verwendet werden.

An Stoßrädern werden im Gegensatz zu Wälzfräsern die Kopfecken nur in Sonderfällen abgerundet, im allgemeinen werden sie nur leicht gebrochen. In Abb. 70 ist die Ausbildung der Fußausrundung durch Schneidräder mit spitzen, angefasten und voll abgerundeten Kopfecken gegenübergestellt. Die Anfasung am Werkzeugkopf – mittleres Beispiel – entspricht dabei dem Maximalwert von Messungen an einer Vielzahl von Stoßrädern mit unterschiedlichen Daten. Offensichtlich nimmt hier die Größe der Fußausrundung nicht in gleichem Maße wie beim Wälzfräsen durch Anfasen bzw. Abrunden der Werkzeugkopfeckpunkte zu. Zwischen der Ausbildung der Zahnfußausrundung durch abgerundete oder angefaste Schneidräder bestehen nur geringe Unterschiede.

6.2.2.3 Ausbildung der Fußausrundung beim Wälzschleifen

Die Abwälzschleifverfahren können je nach Eingriffswinkel am Werkzeug in das 0°-, 15°- und 20°-Abwälzschleifen unterschieden werden. Beim 0°-Wälzschleifen ist das Schleifen bis in den Zahngrund – und damit auch die Ausbildung der Zahnfußausrundung – nur möglich an Rädern, deren Grundkreis kleiner oder gleich dem Fußkreis ist ($z \geq 41$ für Profil II nach DIN 3972). Hierbei bildet sich jedoch ein scharfkantiger Übergang im Zahnfuß. Die Fußausrundungen beim 20°-Abwälzschleifen werden wie beim Wälzfräsen ($\alpha_0 = 20°$) ausgebildet. Beim 15°-Wälzschleifen ergeben sich ähnliche Eingriffsverhältnisse wie beim Abwälzfräsen.

6.2.3 Rechnerische Ermittlung der Zahnfußausrundung r_f

Die Größe der Fußausrundung wird beim Wälzfräsen, -stoßen oder -schleifen von den Abmessungen des Werkzeugprofils (nach DIN 3972), von der Zähnezahl des zu verzahnenden Werkrades und von der Werkzeugkopfausbildung bestimmt. Außerdem hängt sie beim Wälzstoßen mit Schneidrad von der Werkzeugzähnezahl ab. Die Zusammenhänge zwischen diesen Einflußgrößen lassen sich rechnerisch erfassen und sollen im folgenden für das Wälzfräsen, Wälzstoßen mit Schneidrad und 15°-Wälzschleifen beschrieben werden.

6.2.3.1 Bestimmung der Zahnfußausrundung beim Wälzfräsen

In Abb. 71 sind die Eingriffsverhältnisse zwischen nicht abgerundetem Wälzfräser und Werkrad ohne Profilverschiebung beim Fräsen der Zahnfußausrundung dargestellt. Der Kopfeckpunkt des Werkzeuges E beschreibt – bezogen auf das Werkzeug – beim Abwälzen eine verschlungene, allgemeine Evolvente, die im Zahnfußgebiet mit der Zahnfußausrundung identisch ist. Die Koordinaten x und y dieser Evolvente beziehen sich auf das rechtwinklige Koordinatensystem, dessen Nullpunkt der Werkradmittelpunkt und dessen y-Achse eine Zahnmittellinie ist. Da beim Verzahnen der Wälzpunkt B auf dem Wälzkreis r_w wandert und sich damit der Winkel γ ändert, sind x und y von γ abhängig.

Die Ableitung der Funktion dieser allgemeinen Evolvente ergibt sich aus den Beziehungen in Abb. 71 und man erhält nach Umformung für die Koordinaten:

$$x = (r_w - h_{kw}) \sin(\psi + \gamma) - (r_w \cdot \widehat{\gamma} - h_{kw} \cdot \tan \alpha_0) \cos(\psi + \gamma)$$
$$y = (r_w - h_{kw}) \cos(\psi + \gamma) + (r_w \cdot \widehat{\gamma} - h_{kw} \cdot \tan \alpha_0) \sin(\psi + \gamma)$$

Der Krümmungsradius der Zahnfußkurve ist dann:

$$\varrho = \frac{\sqrt{(x'^2 + y'^2)^3}}{x'y'' - x''y'}$$

$$\text{mit } x' = \frac{dx}{d\gamma} \text{ und } y' = \frac{dy}{d\gamma} \text{ sowie } x'' = \frac{d^2x}{d\gamma^2} \text{ und } y'' = \frac{d^2y}{d\gamma^2}$$

Als Fußausrundung r_f ergibt sich der Krümmungsradius ϱ, für den $\varepsilon = 30°$ wird:

$$r_f = \varrho_{(\varepsilon = 30°)}$$

Diese Gleichungen lassen sich z. B. für eine Verzahnung ohne Profilverschiebung bei Verwendung eines Wälzfräsers mit Profil II ($h_{kw} = 1{,}25 \cdot \mathrm{m}$) und einem Kopfabrundungsradius r_1 auch in folgender Form schreiben:

$$\frac{x}{m} = \left(\frac{z}{2} - 1{,}25 + \frac{r_1}{m}\right) \sin(\psi + \gamma) - \left[\frac{z}{2} \cdot \widehat{\gamma} - \left(1{,}25 - \frac{r_1}{m}\right) \tan \alpha_0 - \frac{r_1/m}{\cos \alpha_0}\right] \cos(\psi + \gamma)$$

$$\frac{y}{m} = \left(\frac{z}{2} - 1{,}25 + \frac{r_1}{m}\right) \cos(\psi + \gamma) + \left[\frac{z}{2} \cdot \widehat{\gamma} - \left(1{,}25 - \frac{r_1}{m}\right) \tan \alpha_0 - \frac{r_1/m}{\cos \alpha_0}\right] \sin(\psi + \gamma)$$

Durch die Kopfabrundung wird die Fußausrundung als Äquidistante im Abstand r_1 zur Bahn des Abrundungsmittelpunktes ausgebildet. Die Größe der Fußausrundung beträgt deswegen:

$$r_f = \varrho_{(\varepsilon=30°)} + r_1$$

In Abb. 72 ist die Fußausrundung r_f/m über der Werkstückzähnezahl in Abhängigkeit von der Fräserkopfabrundung für die Profile I und II aufgetragen.

Die Fußausrundung ist demnach auch beim Wälzfräsen mit nicht abgerundetem Werkzeug ($r_1/m = 0$) besonders im Bereich kleiner Zähnezahlen relativ groß. Durch Vergrößerung der Kopfabrundung nimmt auch die Fußausrundung zu. Bei großen Zähnezahlen geht r_f/m asymptotisch gegen r_1/m.

Die Koordinaten der Fußkurve, bezogen auf den Modul m, und damit auch der Wert r_f/m sind also unabhängig vom Modul. Die Größe der Fußausrundung r_f/m wird nur bestimmt durch die Zähnezahl des Werkrades $\left(\frac{z}{2}; \psi = \frac{90}{z}\right)$ und das verwendete Werkzeugprofil (h_{kw}; α_0; r_1/m).

Die vorstehenden Berechnungen wurden für Geradstirnräder ohne Profilverschiebung durchgeführt. Durch eine Profilverschiebung ändern sich die Form der Fußkurve und damit ihre Koordinaten. Die Größe der Fußausrundung nimmt mit zunehmender negativer Profilverschiebung zu und mit positiver Verschiebung ab. In Abb. 73 sind als Beispiel die Fußausrundungen bei den sehr großen Profilverschiebungen $x = -0{,}4$ und $x = +1$ über der Zähnezahl aufgetragen und den Werten für $x = 0$ gegenübergestellt ($r_1 = 0$).

Die Zahnfußausrundung an mit $x = +1$ profilverschobenen Rädern ist beim Fräsen mit einem nicht abgerundeten Werkzeug auch bei sehr kleinen Zähnezahlen nur wenig von Null verschieden. Ebenso ergeben sich bei dieser Profilverschiebung durch Wälzfräsen mit abgerundeten Werkzeugen Fußausrundungen, die praktisch gleich der Kopfabrundung am Werkzeug sind ($r_f \approx r_1$).

Die Fußausrundung der negativ verschobenen Zahnräder ist dagegen besonders im Bereich kleiner Zähnezahlen wesentlich größer als an nicht profilverschobenen Rädern. Auch kann durch Vergrößerung der Werkzeugkopfabrundung die Fußausrundung fast in gleichem Maße wie bei nichtkorrigierten Zahnrädern erhöht werden (Abb. 74). Mit zunehmender Zähnezahl nimmt hierbei jedoch die Fußausrundung stärker ab.

6.2.3.2 Bestimmung der Fußausrundung beim 15°-Wälzschleifen

Der Abwälzvorgang beim 15°-Wälzschleifen entspricht dem beim Wälzfräsen. Jedoch ergibt sich durch den veränderten Eingriffswinkel an der Schleifscheibe ($\alpha_0' = 15°$) gegenüber dem des Wälzfräsers ($\alpha_0 = 20°$) ein veränderter Wälzkreis am Werkrad:

$$r_w = \frac{\cos \alpha_0}{\cos \alpha_0'} \cdot r_0 \text{ bzw. } r_w = \frac{\cos \alpha_0}{\cos \alpha_0'} \cdot \frac{m \cdot z}{2},$$

der kleiner ist als beim Wälzfräsen. Ebenso ist die Wälzgerade am Werkzeug nicht mehr die Profilmittellinie, sie wird vielmehr zum Kopf der Schleifscheibe hin verschoben. Dadurch wird die Kopfhöhe des Werkzeuges gegenüber der beim Wälzfräsen vermindert. Sie ergibt sich zu:

$$h'_{kw} = h_{kw} - (r_0 - r_w)$$

Es gelten die gleichen Beziehungen für die Zahnfußausrundung wie beim Wälzfräsen, wenn dieser Wert h'_{kw} statt h_{kw} eingesetzt wird.

Ebenso wie beim Wälzfräsen beschreibt der die Zahnfußkurve ausbildende Kopfeckpunkt der Schleifscheibe eine allgemeine Kreisevolvente, bezogen auf das Werkrad. Sie ist jedoch nur dann eine verschlungene, allgemeine Kreisevolvente, solange h'_{kw} größer Null ist. Wird $h'_{kw} < 0$, so entsteht eine geschweifte, allgemeine Evolvente. Der Krümmungsradius der Kreisevolvente und damit die Größe der Fußausrundung nimmt mit der Vergrößerung des Wälzkreises wie beim Wälzfräsen ab.

Im Grenzfall ist $h'_{kw} = 0$, der Kopfeckpunkt der Schleifscheibe liegt auf der Wälzgeraden, und die Fußausrundung wird theoretisch gleich Null. Hierbei wird von dem Kopf der Schleifscheibe eine gespitzte Evolvente beschrieben. Für das Schleifscheibenprofil II ($h_{kw} = 1{,}25 \cdot m$) ergibt sich die Zähnezahl in diesem Grenzfall

$$h_{kw} = r_0 - r_w$$

zu:

$$z = 92.$$

Der Krümmungsradius der geschweiften, allgemeinen Evolvente, die sich bei weiterer Vergrößerung des Wälzkreises und damit der Zähnezahl ausbildet, nimmt mit wachsender Zähnezahl zu. In Abb. 75 ist die Fußausrundung in Abhängigkeit von der Zähnezahl beim 15°-Wälzschleifen aufgetragen. Die untere Kurve zeigt den theoretischen Verlauf bei nicht abgerundetem Werkzeugkopf. Wie ein Vergleich mit Abb. 72 deutlich macht, ergeben sich außer bei sehr kleinen und großen Zähnezahlen wesentlich geringere Fußausrundungen als beim Wälzfräsen.

Durch Verschleiß am Werkzeugkopf werden jedoch die Kopfecken abgerundet, so daß im praktischen Fall größere Fußausrundungen entstehen. Setzt man z. B. eine Abrundung von $r_1 = 0{,}2 \cdot m$ voraus, so ergeben sich Fußausrundungen entsprechend dem oberen Kurvenverlauf.

6.2.3.3 Bestimmung der Fußausrundung beim Wälzstoßen mit Schneidrad

Die Größe der Fußausrundung beim Wälzstoßen mit Schneidrad hängt zusätzlich von der Werkzeugzähnezahl und damit vom Durchmesser des Werkzeugwälzkreises ab. Die Krümmung der Epizykloide – im Zahnfußgebiet identisch der Fußausrundung –, die der Werkzeugkopfpunkt in bezug auf das Werkrad beschreibt, wird durch das Werkzeugprofil und die Wälzkreisdurchmesser bzw. Zähnezahlen von Werkzeug und Werkrad bestimmt.

Die Eingriffsverhältnisse zwischen abgerundetem Schneidrad und Werkrad bei der Ausbildung der Fußausrundung gehen aus Abb. 76 hervor.

Für die Koordinaten der verschlungenen Epizykloide, die der Mittelpunkt der Werkzeugkopfabrundung M' beschreibt, ergeben sich ähnliche Beziehungen wie beim Wälzfräsen mit Kopfabrundung. Der Winkel δ ist abhängig vom Wälzwinkel γ sowie den Zahndicken im Wälz- bzw. Kopfkreis des Werkzeuges. Der Winkel $\Delta\delta$ ist nicht von γ, sondern nur von den Werkzeugabmessungen und der Werkzeugkopfabrundung abhängig und läßt sich aus diesen Werten berechnen. Für ein Werkzeug ohne Kopfabrundung ist $\Delta\delta = 0$ und $r_1 = 0$.

In Abb. 77 ist die berechnete Zahnfußausrundung beim Wälzstoßen mit nicht abgerundetem Werkzeug in Abhängigkeit von der Werkrad- und Schneidradzähnezahl aufgetragen. Danach nimmt die Fußausrundung bei kleinen Schneidradzähnezahlen ($z_w < 30$) im Gegensatz zum Wälzfräsen mit steigender Werkradzähnezahl zu. Bei größeren Schneidradzähnezahlen ($z_w > 30$) wird jedoch die Fußausrundung mit steigender Werkradzähnezahl wie beim Wälzfräsen kleiner.
Als Beispiele für das Wälzstoßen mit abgerundetem Schneidrad sind in Abb. 78 die Fußausrundungen für zwei unterschiedliche Werkzeugzähnezahlen in Abhängigkeit von der Werkradzähnezahl und der Werkzeugkopfabrundung aufgetragen.
Beim Wälzstoßen mit nicht abgerundetem Schneidrad mit kleiner Zähnezahl $z_w = 20$ wird schon eine relativ große Fußausrundung ausgebildet. Durch Abrundung des Werkzeugkopfes wird die Fußausrundung nur wenig vergrößert. Bei Einsatz eines Schneidrades mit einer Zähnezahl von $z_w = 150$ ergeben sich jedoch durch Abrundung des Werkzeugkopfes wesentlich größere Fußausrundungen. Auch bei dieser Schneidradzähnezahl ist die Fußausrundung bei jeweils gleicher Kopfabrundung größer als beim Wälzfräsen.
Durch Messung der Fußausrundungen von wälzgefrästen, -gestoßenen und -geschliffenen Zahnrädern wurden die Ergebnisse der vorstehend beschriebenen Berechnungen bestätigt. Es ergaben sich nur Unterschiede im Bereich der Meßgenauigkeit.

6.2.3.4 Größe der Fußausrundung bei den unterschiedlichen Bearbeitungsverfahren

Bei allen drei Bearbeitungsverfahren – Wälzfräsen, -stoßen und 15°-Wälzschleifen – wird die Größe der Fußausrundung u. a. von der Werkradzähnezahl bestimmt. Mit zunehmender Werkradzähnezahl nimmt beim Wälzfräsen die Größe der Fußausrundung ab. Beim Wälzstoßen wird die Fußausrundung nur bei Verwendung von Stoßrädern mit größerer Zähnezahl ($z_w > 30$) durch Erhöhung der Werkradzähnezahl vermindert. Durch Einsatz von Stoßrädern mit kleiner Zähnezahl ($z_w < 30$) nimmt dagegen mit steigender Werkradzähnezahl die Größe der Fußausrundung zu. An 15°-wälzgeschliffenen Stirnrädern wird die Fußausrundung bis zu einer bestimmten Werkradzähnezahl kleiner und nimmt mit weiterer Erhöhung der Werkradzähnezahl wieder zu.
Eine Abrundung der Werkzeugkopfeckpunkte bewirkt bei allen drei Verfahren eine Vergrößerung der Fußausrundung.
Im allgemeinen werden bei Verwendung eines Werkzeuges mit gleicher Kopfabrundung durch Wälzstoßen die größten Fußausrundungen und durch 15°-Wälzschleifen die kleinsten Fußausrundungen ausgebildet. Beim Wälzfräsen ergeben sich Werte für die Fußausrundung, die zwischen denen der vorgenannten Bearbeitungsverfahren liegen. Legt man z. B. eine Werkradzähnezahl $z = 40$ und eine Werkzeugkopfabrundung von $r_1 = 0{,}2 \cdot m$ (nach DIN 3972) zugrunde, so ergeben sich an nicht profilverschobenen Stirnrädern beim Wälzfräsen eine Fußausrundung $r_f/m \approx 0{,}4$, beim Wälzstoßen Werte von $r_f/m \approx 0{,}7$ (Schneidradzähnezahl $z_w = 20$) bzw. $r_f/m \approx 0{,}45$ (Schneidradzähnezahl $z_w = 150$) und beim 15°-Wälzschleifen eine Fußausrundung $r_f/m \approx 0{,}25$.

6.2.4 Fertigungstechnische Maßnahmen zur Vergrößerung der Fußausrundung

Zur Erzielung einer optimalen Tragfähigkeit gehärteter Stirnräder ist eine möglichst große Fußausrundung anzustreben. Im folgenden sollen fertigungstechnische Maßnahmen zur Vergrößerung der Fußausrundung bei den drei besprochenen Bearbeitungsverfahren, die sich aus den vorausgegangenen theoretischen Untersuchungen ergeben, beschrieben werden.

Die größte Erhöhung der Fußausrundung wird beim Wälzfräsen durch Vergrößerung der Kopfabrundung am Werkzeug erzielt. Gegenüber der Größe der Fußausrundung, die durch Wälzfräser mit einer Kopfabrundung $r_1/m = 0{,}2$ (nach DIN 3972) erzielt wird, ergeben sich je nach Fräserprofil und Werkradzähnezahl um ca. 20–60% größere Fußausrundungen bei Verwendung eines Fräsers mit einer Kopfabrundung $r_1 = r_{1\,\mathrm{grenz}}$, bei der die aktive Flanke des Fräsers noch nicht gekürzt ist. Durch weitere Vergrößerung bis zur vollen Kopfabrundung sind Erhöhungen der Fußausrundungen um 50–110% möglich. In diesem Falle, bei dem die aktive Werkzeugflanke gekürzt wird, ist jedoch zu prüfen, ob nicht dadurch die Eingriffsverhältnisse im Getriebe gestört werden.
Weiterhin kann die Fußausrundung durch negative Profilverschiebung bzw. durch Verwendung eines Wälzfräserprofiles mit größerer Zahnhöhe h_{kw} vergrößert werden. Durch diese Maßnahmen kann jedoch die Tragfähigkeit gehärteter Stirnräder nicht wesentlich gesteigert werden, da gleichzeitig mit einer Erhöhung der Fußausrundung die Zahnhöhe am Werkrad vergrößert wird.
Größere Fußausrundungen sind beim Wälzstoßen mit Schneidrad ebenfalls wie beim Wälzfräsen durch Erhöhung der Kopfabrundung am Werkzeug zu erzielen. Eine weitere Möglichkeit ist durch die Verwendung von Schneidrädern mit kleiner Werkzeugzähnezahl gegeben. Bei Wahl eines Schneidrades mit kleiner Zähnezahl ($z_w < 30$) wird jedoch die Fußausrundung infolge größerer Werkzeugkopfabrundung nur geringfügig erhöht. Andererseits kann jedoch bei Verwendung von Schneidrädern mit großer Zähnezahl durch Vergrößerung der Kopfabrundung die Fußausrundung beträchtlich gesteigert werden.
Beim 15°-Wälzschleifen lassen sich nur durch Verwendung einer Abziehvorrichtung, mit der die Werkzeugkopfecken abgerundet oder zumindest angefast werden können, größere Fußausrundungen erzielen.

6.2.5 *Experimentelle Untersuchungen zur Ermittlung des Einflusses der Fußausrundung auf die Tragfähigkeit gehärteter Stirnräder*

Der Einfluß der Größe der Fußausrundung auf die Zahnfußfestigkeit wurde sowohl in Pulsator- als auch in Laufversuchen nachgewiesen. Die unterschiedlich großen Fußausrundungen der Versuchsräder wurden durch Wälzfräsen und -stoßen mit verschieden abgerundeten Werkzeugen gefertigt. Nur an einigen Rädern mit extrem großen Fußausrundungen ($r_f/m \approx 0{,}7$) wurde der Zahngrund durch Vorbohren vor dem Verzahnen hergestellt.
Ergebnisse von Pulsatorversuchen an ungehärteten Rädern aus Ck 45 N mit unterschiedlich großen Fußausrundungen sind in Abb. 79 in Form von Wöhlerkurven aufgetragen. Durch Vergrößerung der Fußausrundung von $r_f/m = 0{,}34$ auf 0,82 wird die Dauerfestigkeit von $\sigma_{v_D} = 22$ auf 35 kp/mm², also um ca. 60% erhöht. Im Zeitfestigkeitsgebiet nimmt diese Zunahme zu höheren Beanspruchungen immer mehr ab. Gegenüber Rädern mit dieser Zähnezahl, die z. B. durch Wälzfräsen mit einer Kopfabrundung am Werkzeug von $r_1 = 0{,}2 \cdot m$ (nach DIN 3972) hergestellt werden und damit eine Fußausrundung $r_f/m \approx 0{,}45$ besitzen, kann durch Erhöhung der Kopfabrundung am Wälzfräser bis zum Maximalwert ($r_1 = 0{,}47 \cdot m$; $r_f/m \approx 0{,}62$) die Zahnfußfestigkeit von $\sigma_{v_D} \approx 25$ auf ca. 31,5 kp/mm², also um etwa 25% erhöht werden. Durch Übergang zum Wälzstoßen mit maximaler Kopfabrundung am Werkzeug ist eine Erhöhung der Tragfähigkeit um mehr als 30% möglich.
Versuche an zwei Serien einsatzgehärteter Zahnräder zeigten ähnliche Ergebnisse. Diese zwei Serien unterschieden sich – außer durch die unterschiedliche Verzahnungsbreite,

was jedoch für diese Versuche ohne Bedeutung ist – durch die Einhärtetiefe und den Härteverlauf zum Zahninnern hin, gemessen in der Zahnfußausrundung.

Aus Abb. 80 ist zu ersehen, daß die Einhärtetiefe (Abfall der Härtekurve bis auf die Kernhärte) an Rädern der Serie 2 mit ca. 2 mm etwa doppelt so groß wie die an Rädern der Serie 1 mit etwa 1 mm ist.

Diese größere Einhärtetiefe und ebenso der allmähliche Härteabfall zum Zahninnern hin bewirken höhere Tragfähigkeitswerte als die kleinere Einhärtetiefe und der schroffe Härteabfall bei der Serie 1. Die Unterschiede in der Randhärte üben bei diesen hohen Härtewerten von $HV_{0,3} = 725 — 825$ kp/mm² nur noch einen sehr geringen Einfluß auf die Zahnfußfestigkeit aus. Wie aus den Abb. 81 und 82 hervorgeht, ist die Zahnfußfestigkeit bei etwa gleicher Fußausrundung von Rädern der Serie 2 tatsächlich größer als die der Serie 1.

An beiden Radserien ist jedoch ebenfalls eine starke Abhängigkeit der Zahnfußfestigkeit von der Größe der Zahnfußausrundung vorhanden.

In Abb. 83 ist die Zahnfußfestigkeit der ungehärteten und der gehärteten Räder als Funktion der Fußausrundung dargestellt.

Daraus ist ersichtlich, daß auch noch bei relativ großen Fußausrundungen ein Einfluß der Fußausrundung auf die Zahnfußfestigkeit besteht. Durch Vergrößerung von beispielsweise $r_f = 0{,}4 \cdot m$ auf $r_f = 0{,}7 \cdot m$ ergeben sich Tragfähigkeitssteigerungen von 25% bis 40%.

An Rädern der Radserie 2 wurde die Zahnfußfestigkeit ebenfalls im Laufversuch bestimmt. Wie aus der Abb. 84 hervorgeht, ergab sich hierbei die gleiche Abhängigkeit der Zahnfußfestigkeit von der Fußausrundung wie im Pulsatorversuch.

Bei gleicher Größe der Ausrundung liegt die Zahnfußfestigkeit um 10% bis 12% niedriger als im Pulsatorversuch. Dieser Unterschied entspricht der gemessenen Lastvergrößerung auf Grund der dynamischen Zusatzbelastung im Laufprüfstand. Bei Berücksichtigung des Lastvergrößerungsfaktors ergeben sich im Pulsator- und Laufversuch etwa gleiche Zahnfußfestigkeitswerte.

Die Auswirkung von Kerben (Kerbwirkungszahl bzw. Formzahl) wird zumeist in Abhängigkeit von dem Verhältnis des Kerbradius bzw. -durchmessers zur Probendicke oder -breite angegeben, um Rückschlüsse auf Proben unterschiedlicher Größe ziehen zu können.

Um zu klären, ob die Zahnfußfestigkeit von der absoluten Größe der Fußausrundung oder von dem Verhältnis Zahnfußausrundung zu Bruchquerschnitt und damit von dem Verhältnis Zahnfußausrundung zu Modul abhängt, wurden ungehärtete Räder mit unterschiedlichen Moduln aus gleichem Werkstoff untersucht.

Im oberen Diagramm von Abb. 85 sind die gemessenen Zahnfußfestigkeitswerte in Abhängigkeit von dem Verhältnis Zahnfußausrundung zu Modul r_f/m aufgetragen. Bei dieser Auswertung besitzen die Räder mit kleineren Moduln bei jeweils gleichem Wert r_f/m eine höhere Zahnfußfestigkeit als die mit größeren Moduln.

Wird die Zahnfußfestigkeit dagegen über dem empirisch ermittelten Wert $r_f/m — 0{,}05 \cdot m$ aufgetragen, so ergibt sich für alle Radserien nur ein Kurvenverlauf, wie das untere Diagramm veranschaulicht. Diese Beziehung hat nur für den angegebenen Modulbereich Gültigkeit.

Eine ähnliche Abhängigkeit der Zahnfußfestigkeit von der Größe der Fußausrundung wie bei den vorstehend beschriebenen Untersuchungen ergab sich an zahlreichen andern Versuchsrädern. Eine Auswahl dieser Versuchsergebnisse an Stirnrädern aus verschiedenen Werkstoffen und mit unterschiedlichen Zahnraddaten ist in Abb. 86 über dem Wert r_f/m aufgetragen. Zum Vergleich sind die Kurven für Ck 45 N und 16 MnCr 5 einsatzgehärtet nach Abb. 83 strich-punktiert bzw. gestrichelt mit eingezeichnet.

Bisher wurde der Einfluß der Fußausrundung auf die Zahnfußfestigkeit sowohl an ungehärteten als an gehärteten Stahlzahnrädern nachgewiesen. Bei Gußzahnrädern ist zu erwarten, daß die Größe der Fußausrundung nur einen geringen Einfluß auf die Zahnfußfestigkeit ausübt. Eisen–Kohlenstoff-Gußwerkstoffe besitzen bekanntlich im Gegensatz zu Stahl wegen der inneren Kerbung durch die Graphiteinlagerungen eine weitgehende Unempfindlichkeit gegenüber äußeren Kerben.
In Abb. 87 sind Ergebnisse aus Pulsatorversuchen an Zahnrädern aus Gußeisen mit Lamellengraphit (DIN 1691), Schwarzem Temperguß (DIN 1692) und Gußeisen mit Kugelgraphit (DIN 1693) dargestellt. Die schraffiert angelegten Bereiche schließen sowohl die Meßwertstreuungen als auch die Unterschiede in den Zahnfußfestigkeitswerten, bedingt durch die verschiedenen Zugfestigkeiten, innerhalb jeder Werkstoffgruppe ein. Für Räder aus Gußwerkstoffen besteht demnach praktisch keine Abhängigkeit zwischen der Zahnfußfestigkeit und der Größe der Fußausrundung.

6.2.6 Ermittlung des Kerbfaktors f_k

Zur Festlegung von Werkstoffwerten für die Zahnfußfestigkeit ist es u. a. notwendig, diese für eine definierte Fußausrundung anzugeben. Als Bezugswert erscheint die Größe der Fußausrundung zweckmäßig, die sich beim Wälzfräsen mit einer Abrundung von $0{,}2 \cdot m$ (nach DIN 3972) am Werkzeug und einer Zähnezahl von etwa $z = 40$ zu $r_f/m \approx 0{,}4 \cdot m$ nach Abb. 72 ergibt. In der Literatur [5] wird auch der Wert $r_f/m = 0{,}2$ angeführt. Diese geringe Größe der Fußausrundung wird jedoch nur an Rädern mit Zähnezahlen $z > 80$ ausgebildet. Für eine Abrundung $r_1/m = 0{,}2$ am Wälzfräser wird diese erst bei unendlich großer Zähnezahl erreicht. Zahnfußfestigkeitswerte für Verzahnungen mit von $r_f/m = 0{,}4$ abweichenden Verzahnungen können dann mit folgender Beziehung bestimmt werden:

$$\sigma_{vD_x} = \frac{\sigma_{vD_{0,4}}}{f_k}$$

Hierin bedeuten:

σ_{vD_x} = gesuchte Zahnfußfestigkeit für eine Verzahnung mit der Fußausrundung $r_f/m = x$

$\sigma_{vD_{0,4}}$ = Zahnfußfestigkeit für eine Verzahnung mit der Fußausrundung $r_f/m = 0{,}4$

f_k = Relativer Kerbfaktor für den Einfluß der Fußausrundung auf die Zahnfußfestigkeit ($r_f/m = x$)

Der Verhältniswert:

$$f_k = \frac{\sigma_{vD_{0,4}}}{\sigma_{vD_x}}$$

kann aus der im vorhergehenden Kapitel beschriebenen Abhängigkeit der Zahnfußfestigkeit von der Fußausrundung abgeleitet werden.
Für die Versuchsergebnisse an ungehärteten und einsatzgehärteten Rädern aus Ck 45 N bzw. 16 MnCr 5 nach Abb. 83 ergibt sich der in Abb. 88 gezeigte Zusammenhang zwischen dem Kerbfaktor f_k und der Zahnfußausrundung r_f/m. Danach ändert sich der Verhältniswert f_k auch bei Fußausrundungen größer als $r_f = 0{,}4 \cdot m$ noch sehr wesentlich. Die Zahnfußfestigkeit kann demnach durch Vergrößerung der Fußausrundung auf etwa $r_f = 0{,}7 \cdot m$ um 25% bis 40% erhöht werden.

Für die Radserien mit unterschiedlichen Moduln nach Abb. 85 besteht der in Abb. 89 gezeigte Zusammenhang. Während der Kerbfaktor f_k im oberen Diagramm in Abhängigkeit vom Wert r_f/m angegeben ist, ist er im unteren Diagramm auf die Größe $r_f/m - 0{,}05 \cdot m$ bezogen.
Hier ist der Kerbfaktor für den Wert $r_f/m - 0{,}05 \cdot m = 0{,}2$ gleich $f_k = 1$ gesetzt worden. In der oberen Darstellungsweise ergibt sich für die Räder mit unterschiedlichen Moduln jeweils ein Kurvenverlauf, während im unteren Diagramm für alle Radserien die Werte gut übereinstimmen.
Versuchswerte für den Kerbfaktor f_k, gemessen an normalisierten, vergüteten, einsatz- und brenngehärteten Zahnrädern sind in Abb. 90 in Abhängigkeit von der Größe $r_f/m - 0{,}05 \cdot m$ aufgetragen.
Dabei wurden Versuchsräder mit unterschiedlichen Moduln $m = 3 - 10$ mm und Zähnezahlen $z = 14 - 52$ untersucht. Hier zeigt es sich, daß für die verschieden warmbehandelten Räder praktisch keine unterschiedlichen Kurven angegeben werden können. Die Streubereiche sind vielmehr so klein, daß für alle Zahnräder mit genügender Sicherheit der im Bild eingezeichnete mittlere Kurvenverlauf angegeben werden kann. Die Streuungen der Meßwerte sind auf unterschiedliche Wärmebehandlung, Härteergebnisse usw. zurückzuführen.
Diese für den Kerbfaktor f_k gemessene Abhängigkeit von der Größe der Fußausrundung gestattet auf einfache Weise eine Umrechnung der bei einer bestimmten Zahnfußausrundung vorliegenden Zahnfußfestigkeit auf die Tragfähigkeit von Rädern mit davon abweichender Fußausrundung. Sie gilt jedoch nur wegen des empirisch ermittelten Wertes $r_f/m - 0{,}05 \cdot m$ exakt für Stirnräder mit den Abmessungen der Versuchsräder, d. h. für Moduln $m = 3 - 10$ mm, durch die aber ein Großteil der in der Praxis gehärteten Stirnräder erfaßt wird.

7. Zusammenfassung

An geradverzahnten Rädern werden durch Eingriffsteilungsfehler der Zahnkraftverlauf und damit auch die Zahnfußbeanspruchung über der Eingriffsstrecke verändert. Die Untersuchungen ergaben, daß Tragfähigkeitsminderungen erst ab einer bestimmten Fehlergröße auftreten. Dieser zulässige Eingriffsteilungsfehler ist im Gegensatz zu dem ungehärteter Stirnräder von der Verzahnungsgeometrie und dabei in erster Linie vom Modul abhängig. Der rechnerisch gefundene Zusammenhang wurde durch Lebensdaueruntersuchungen bestätigt. Vornehmlich an gehärteten Getrieben mit kleineren Moduln erfolgen durch Eingriffsteilungsfehler, die im praktischen Fall auftreten können, oft beträchtliche Tragfähigkeitsminderungen.
Lebensdaueruntersuchungen an schrägverzahnten Getrieben zeigten, daß hier schon relativ kleine Eingriffsteilungsfehler die Tragfähigkeit herabsetzen können. Hinsichtlich der Tragfähigkeit besitzen Schrägstirnräder nur dann gegenüber Geradverzahnung wesentliche Vorteile, wenn eine entsprechend gute Verzahnungsqualität eingehalten wird.
Flankenrichtungsfehler bewirken eine Änderung der Lastverteilung über der Zahnbreite. Im Pulsator und Verspannungsprüfstand wurde die Erhöhung der Zahnfußbeanspruchung durch Dehnungsmessungen ermittelt. Diese Messungen an Versuchs-

rädern mit Moduln $m \leq 10$ mm und Zahnbreiten $b \leq 70$ mm zeigten Übereinstimmung mit einem theoretisch entwickelten Rechenansatz für den Zahnbreitenfaktor q_b zur Berücksichtigung der Spannungserhöhung. Diese Übereinstimmung gilt nur bei vollem Tragen über der Zahnbreite, das jedoch bei gehärteten Stirnrädern mit den oben angegebenen Abmessungen infolge der hohen Belastungen bei den praktisch auftretenden Flankenrichtungsfehlern im allgemeinen vorliegt. Durch Tragfähigkeitsuntersuchungen konnten die Ergebnisse der Dehnungsmessungen bestätigt werden.

Ebenso wie bei der Geradverzahnung wird an schrägverzahnten Getrieben durch Flankenrichtungsfehler die Lastverteilung über der Zahnbreite verändert. Dadurch tritt eine Belastungserhöhung und damit eine Erhöhung der Zahnfußbeanspruchung am Zahnende auf. Bei gleichen Fehlern ist diese Belastungserhöhung an Schrägstirnrädern jedoch stärker als an Geradstirnrädern, da hierbei im Gegensatz zu fehlerfreien Getrieben durch die veränderte Lastaufteilung über der Eingriffsstrecke ein größerer Anteil der gesamten Zahnkraft von einem Zahnpaar übertragen werden muß. Flankenrichtungsfehler haben also in dieser Beziehung eine ähnliche Auswirkung auf die Tragfähigkeit schrägverzahnter Getriebe wie Eingriffsteilungsfehler. Durch gleiche Flankenrichtungsfehler wird deshalb die Tragfähigkeit der Schrägverzahnung stärker vermindert als die der Geradverzahnung. Bei großen Fehlern und Schrägungswinkeln kann sogar die Tragfähigkeit schrägverzahnter Stirnräder infolge von Zahneckbrüchen geringer sein als die geradverzahnter Zahnräder.

Neben der Verzahnungsqualität übt die Ausbildung des Zahngrundes einen großen Einfluß auf die Tragfähigkeit gehärteter Stirnräder aus.

Infolge von Schleif- und Schabkerben in Nähe des gefährdeten Querschnittes kann die Zahnfußfestigkeit bis zu 25–30% vermindert werden. Durch fertigungstechnische Maßnahmen, wie Vorverzahnen mit Protuberanzwerkzeug oder mit einem Werkzeug mit geringfügig verringertem Eingriffswinkel, lassen sich jedoch zumeist derartige Kerben im Zahnfuß vermeiden, so daß die Zahnfußfestigkeit voll erhalten bleibt. Ebenso wird durch Schleifen der Zahnflanken bis in den Zahngrund die Zahnfußfestigkeit dann nicht meßbar herabgesetzt, wenn Schleifrisse und Veränderungen des Härtegefüges und geringere Fußausrundungen vermieden werden.

Bei nicht genügend großer Fußausrundung können durch Härteeigenspannungen Risse im Zahnfuß entstehen. Ebenfalls haben zu kleine Fußausrundungen bei Belastung des Zahnrades Kerbspannungen zur Folge, die zu einer Minderung der Zahnfußfestigkeit führen. Andererseits läßt sich die Tragfähigkeit gehärteter Zahnräder durch Vergrößerung der Fußausrundung oft beträchtlich steigern.

Die Größe der Fußausrundung r_f/m wird außer von der Zähnezahl des zu verzahnenden Rades durch das Verzahnverfahren, die Werkzeugkopfausbildung und die Profilverschiebung bestimmt. Beim Wälzfräsen nimmt die Fußausrundung mit steigender Werkstückzähnezahl ab; beim Wälzstoßen wird sie bei großer Werkzeugzähnezahl ($z_w > 30$) ebenfalls verringert, bei kleiner Werkzeugzähnezahl ($z_w < 30$) jedoch vergrößert.

Beim 15°-Wälzschleifen nimmt die Fußausrundung bis zu einer bestimmten Grenzzähnezahl, bei der sie sehr kleine Werte annehmen kann, ab, um dann mit weiterer Vergrößerung der Werkradzähnezahl wieder anzusteigen. Durch negative Profilverschiebung wird die Fußausrundung vergrößert, durch positive dagegen verringert und erreicht bei großen Verschiebungen ($x = +1$) nahezu den Wert der Kopfabrundung am Werkzeug. Den größten Einfluß auf die Vergrößerung der Fußausrundung übt jedoch die Erhöhung der Werkzeugabrundung bzw. -anfasung aus.

In Pulsator- und Laufversuchen wurde festgestellt, daß durch größere als nach DIN 3972 vorgeschriebene Kopfabrundungen und damit auch größere Fußausrundungen noch

beträchtliche Tragfähigkeitssteigerungen an gehärteten Stirnrädern erzielt werden können.
Für den Einfluß der Fußausrundung auf die Zahnfußfestigkeit konnte als Kenngröße ein Kerbfaktor f_k bestimmt werden, mit dem eine Umrechnung der für eine bestimmte Zahnfußausrundung vorliegenden Zahnfußfestigkeitswerte auf die Tragfähigkeit von Rädern mit anderen Fußausrundungen in einfacher Weise durchzuführen ist.

8. Literaturverzeichnis

[1] Bosch, M., Das dynamische Verhalten von Stirnradgetrieben unter besonderer Berücksichtigung der Verzahnungsgenauigkeit. Industrie-Anzeiger 87. Jg., Nr. 102 vom 21. 12. 1965, S. 2469–2478 und 88. Jg., Nr. 14 vom 18. 2. 1966, S. 267–274.

[2] Feltkamp, K., Untersuchungen über den Einfluß von Fertigungsfehlern und Zahnfußausrundungen auf die Zahnfußbeanspruchung und die Tragfähigkeit gehärteter Stirnräder. Dissertation TH Aachen 1967.

[3] Kalkert, W., und M. Bosch, Untersuchungen der Flankentragfähigkeit von Stirnradgetrieben. Industrie-Anzeiger, 86. Jg., Nr. 102 vom 22. 12. 1964, S. 2193–2198.

[4] Lindner, W., Zahnräder, Bd. 1 und Bd. 2. Verlag Springer, Berlin–Göttingen–Heidelberg 1954.

[5] Niemann, G., Maschinenelemente, Bd. 2: Getriebe. Verlag Springer, Berlin–Göttingen–Heidelberg 1965.

[6] Opitz, H., und W. Kalkert, Der Einfluß der Fertigungsgenauigkeit und der Schmierfilmausbildung auf die Flankentragfähigkeit ungehärteter Stirnräder. Forschungsberichte des Landes Nordrhein-Westfalen, Heft 1476, Westdeutscher Verlag Köln.

[7] Rademacher, J., Ermittlung von Lastverteilungsfaktoren für Stirnradgetriebe. Industrie-Anzeiger 89. Jg., Nr. 17 vom 28. 2. 1967, S. 331–334.

[8] Timmers, J., Der Einfluß fertigungstechnisch- und lastbedingter Achsversetzungen in Stirnradgetrieben auf die Zahnverformung. Industrie-Anzeiger 87. Jg., Nr. 75 vom 17. 9. 1965, S. 1771–1778 und Nr. 92 vom 16. 11. 1956, S. 2157–2165.

[9] Weber, C., und K. Banaschek, Formänderung und Profilrücknahme bei gerad- und schrägverzahnten Rädern. Schriftenreihe Antriebstechnik, Heft 11, Verlag Vieweg & Sohn, Braunschweig 1955.

9. Abbildungsanhang

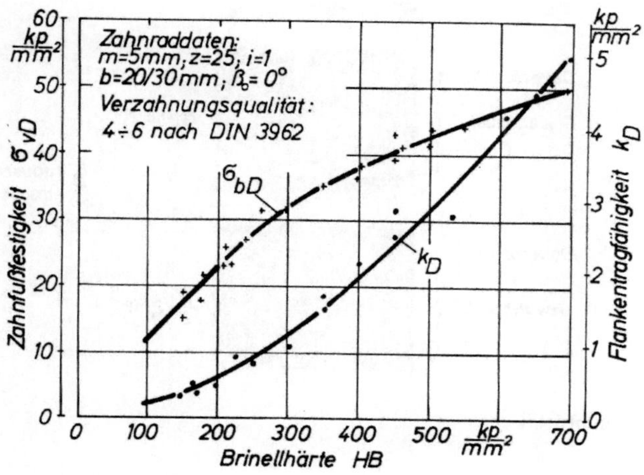

Abb. 1 Einfluß der Brinellhärte auf die Flankentragfähigkeit und Zahnfußfestigkeit bei Stahlzahnrädern

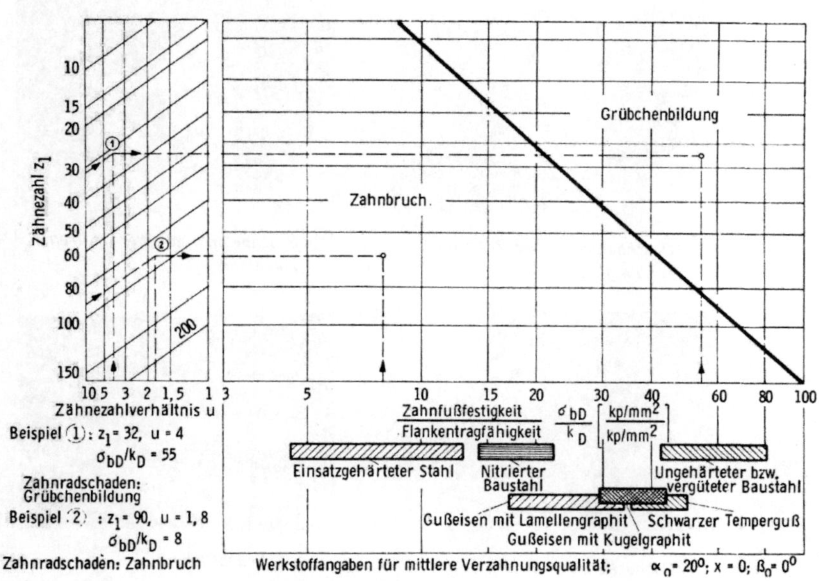

Abb. 2 Zahnradschäden an Stirnrädern

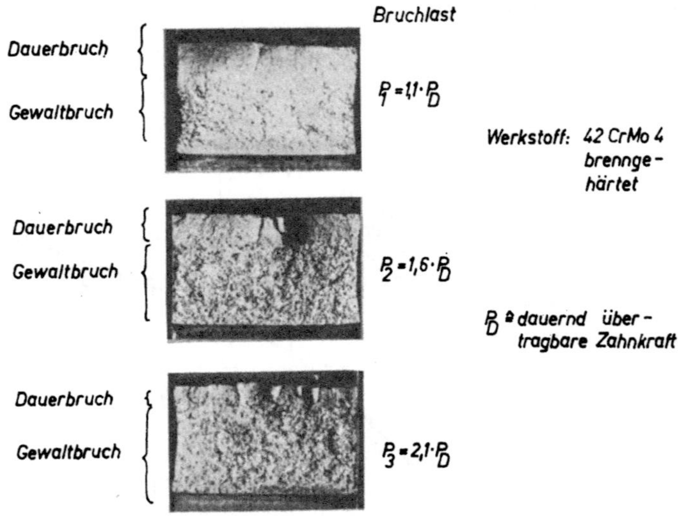

Abb. 3 Zahnbruchflächen

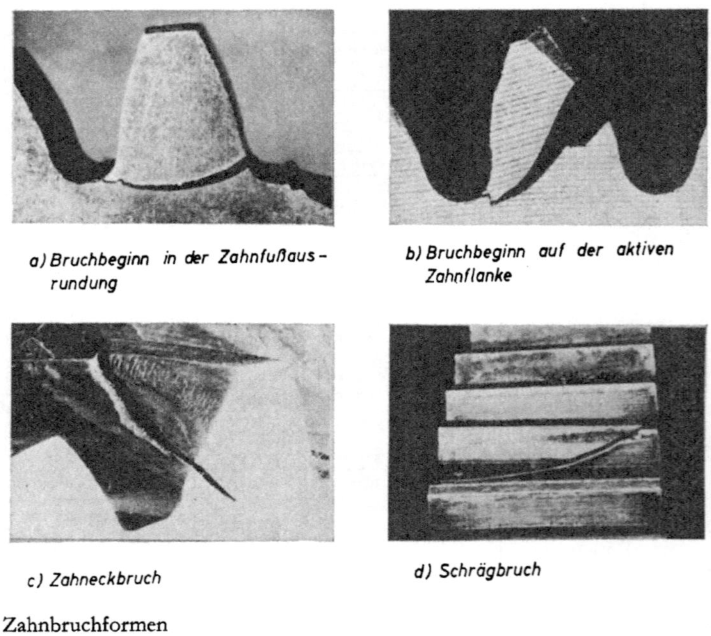

a) Bruchbeginn in der Zahnfußausrundung

b) Bruchbeginn auf der aktiven Zahnflanke

c) Zahneckbruch

d) Schrägbruch

Abb. 4 Zahnbruchformen

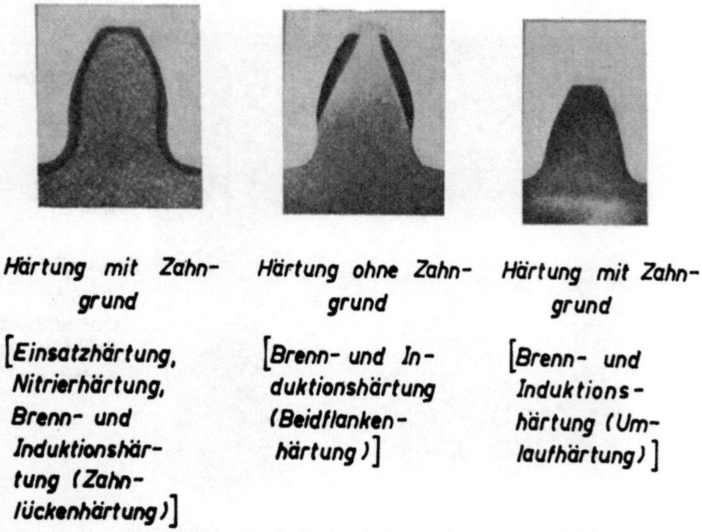

Abb. 5 Ausbildung der Härtezonen

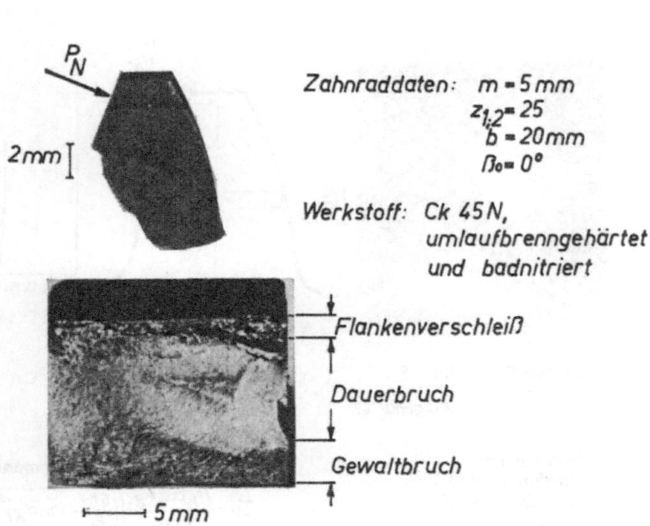

Abb. 6 Zahnbruch durch Grübchenbildung

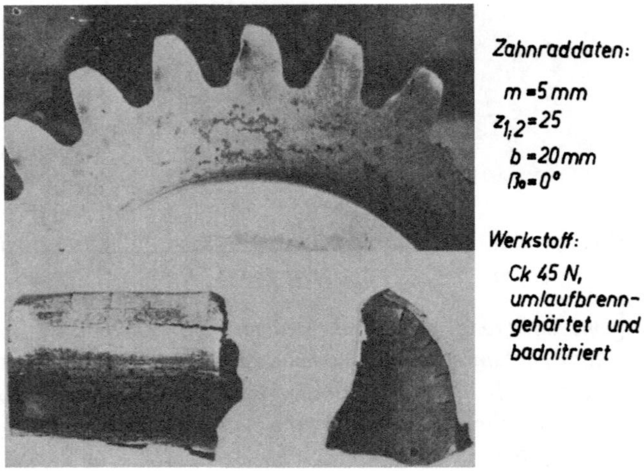

Abb. 7 Zahnradschaden infolge Grübchenbildung und Zahnbruch

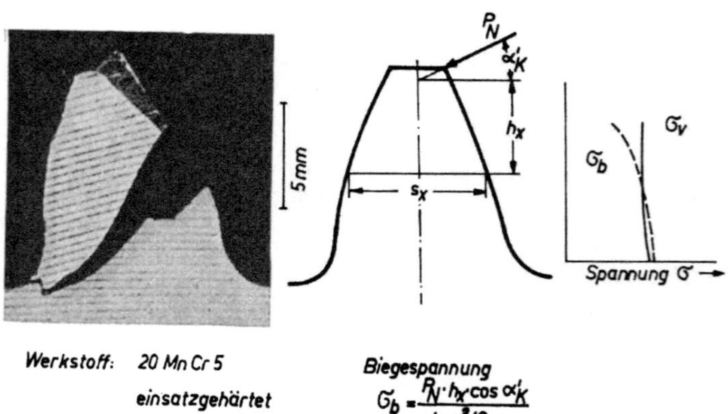

Werkstoff: 20 MnCr 5
einsatzgehärtet

Zahnraddaten:
$m = 5\,mm$ $z = 63$
$b = 50\,mm$ $\beta_0 = 0°$
$x = -0{,}62$

Biegespannung

$$\sigma_b = \frac{P_N \cdot h_x \cdot \cos\alpha'_K}{b \cdot s_x^2/6}$$

Vergleichsspannung n. Niemann

$$\sigma_V = \frac{P_N \cos\alpha'_K}{b \cdot s_x}\sqrt{\left(\frac{6h_x}{s_x} - \tan\alpha'_K\right)^2 + \mu^2}$$

Abb. 8 Bruchbeginn auf der Zahnflanke

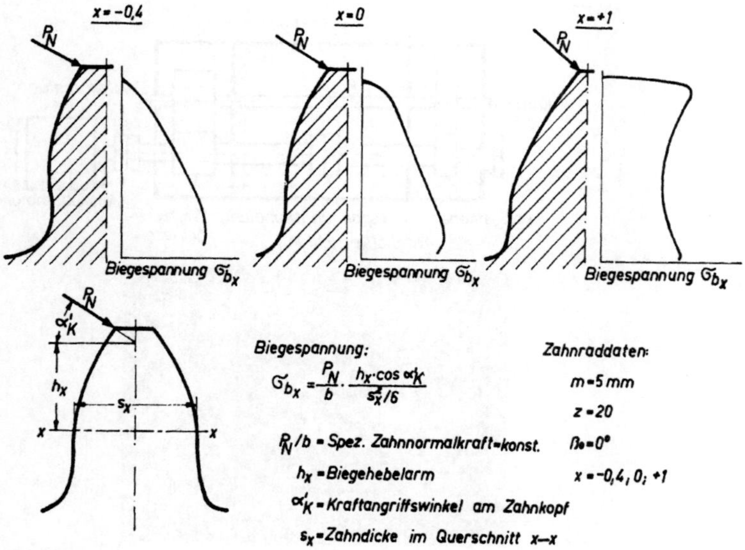

Abb. 9 Verlauf der Biegespannung über der Zahnhöhe

Abb. 10 Schadensauslösende Einflußgrößen auf die Tragfähigkeit von Zahnrädern

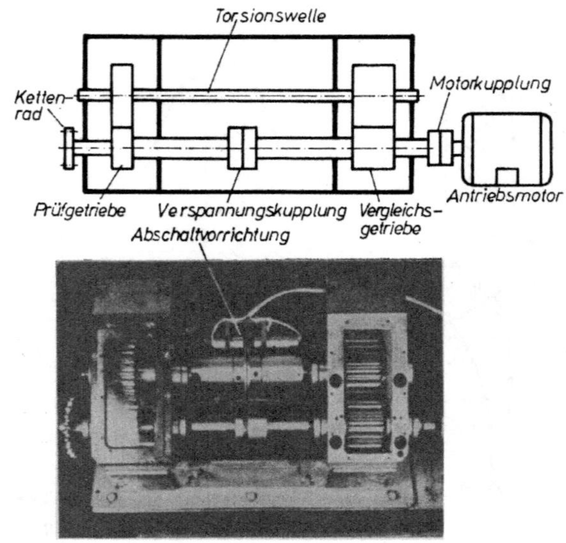

Abb. 11 Verspannungsprüfstand

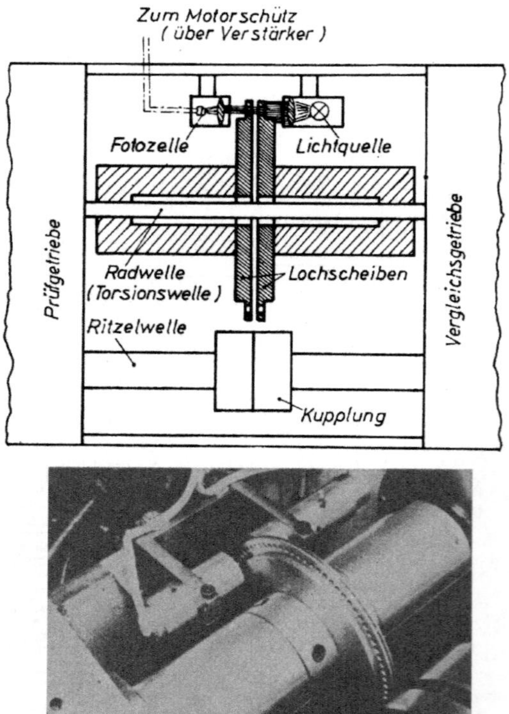

Abb. 12 Abschaltvorrichtung an einem Verspannungsprüfstand

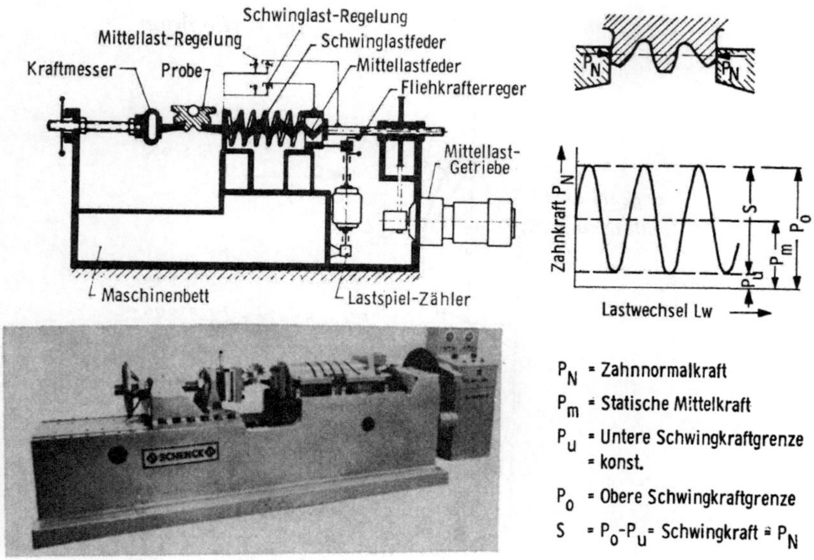

Abb. 13 20-Mp-Resonanzpulsator

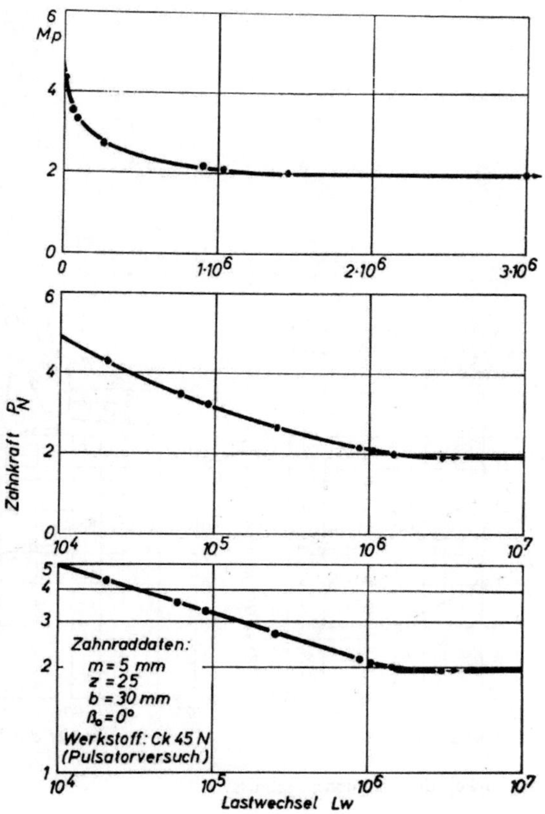

Abb. 14 Darstellung von Wöhlerlinien

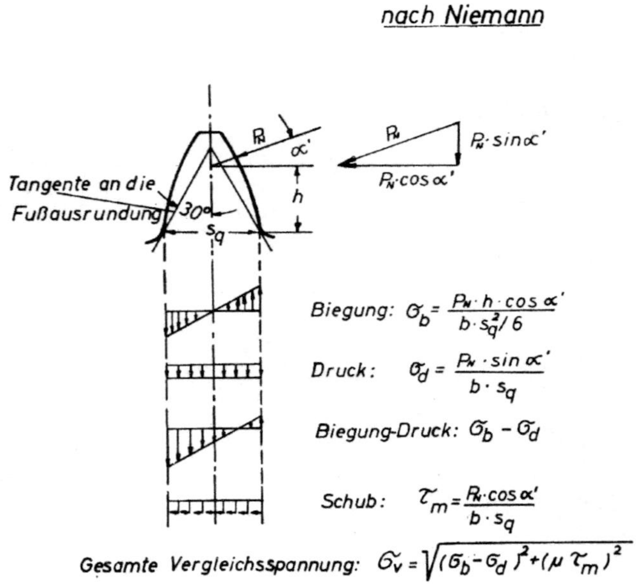

Abb. 15 Berechnung der Zahnfußvergleichsspannung

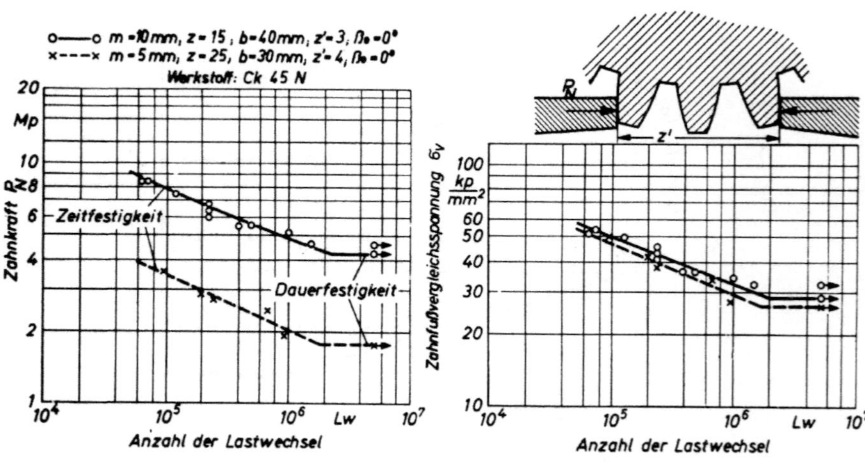

Abb. 16 Übertragbarkeit der Versuchsergebnisse

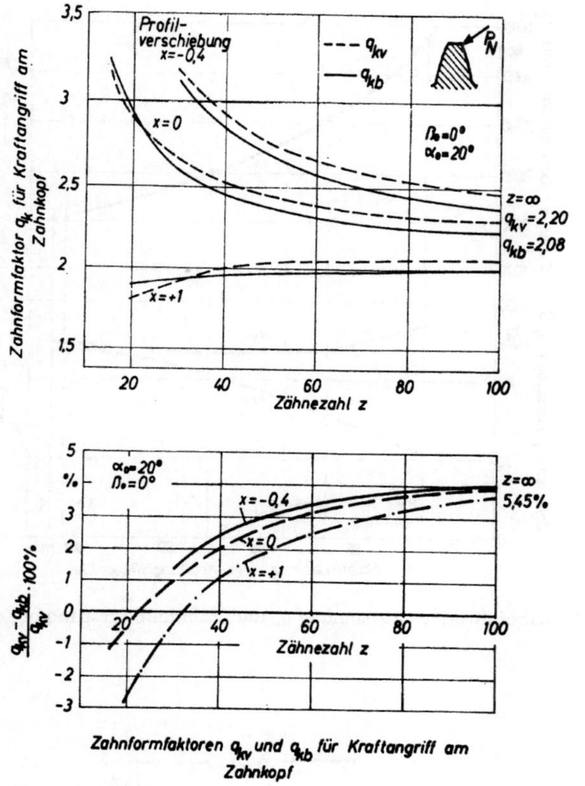

Abb. 17 Zahnformfaktoren q_{kv} und q_{kb} für Kraftangriff am Zahnkopf

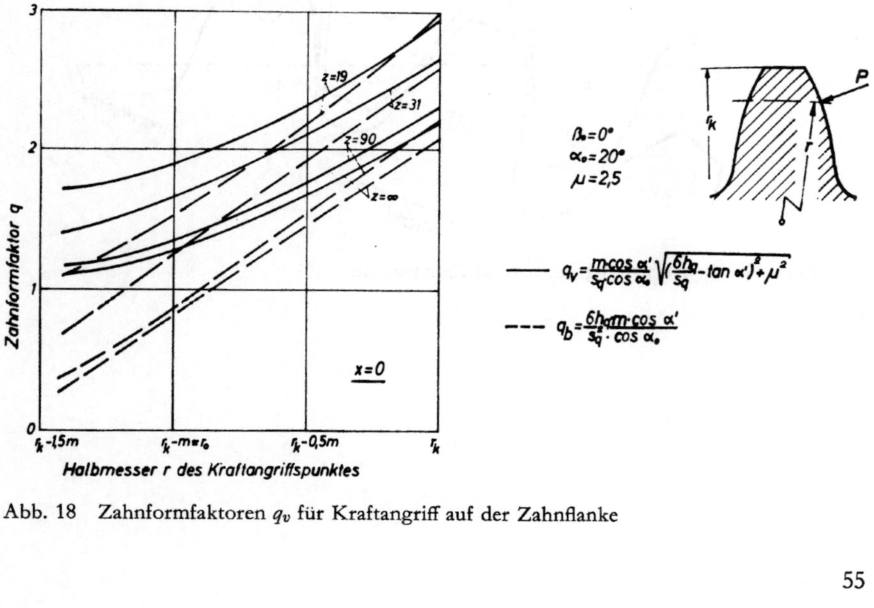

Abb. 18 Zahnformfaktoren q_v für Kraftangriff auf der Zahnflanke

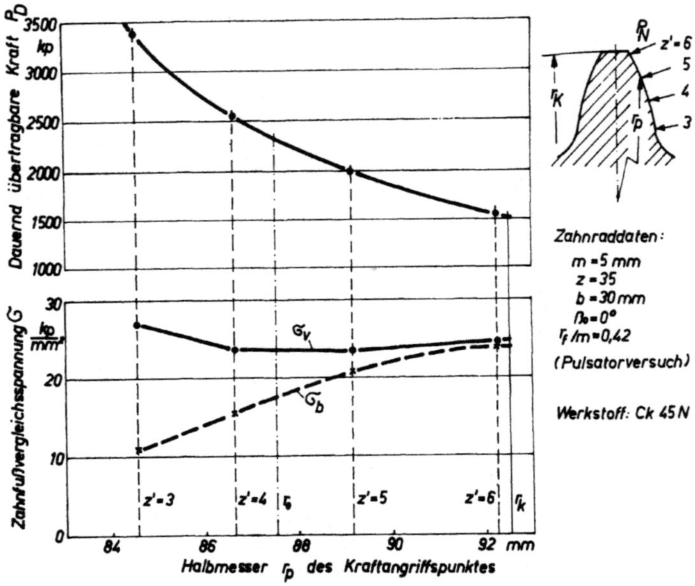

Abb. 19 Zahnfußvergleichsspannung σ_v und Zahnfußbiegespannung σ_b

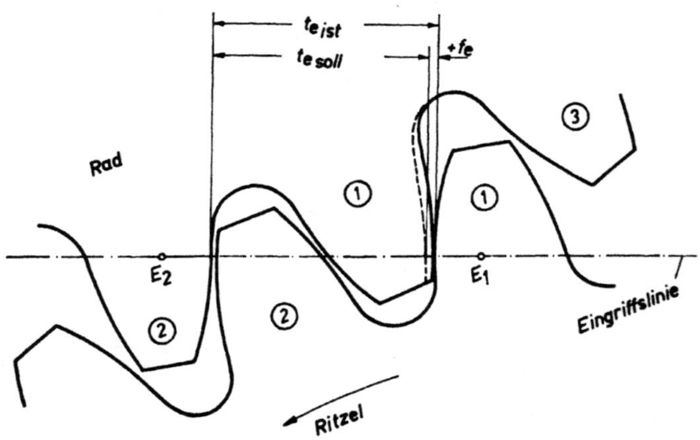

Abb. 20 Eingriffsteilungsfehler einer Zahnpaarung

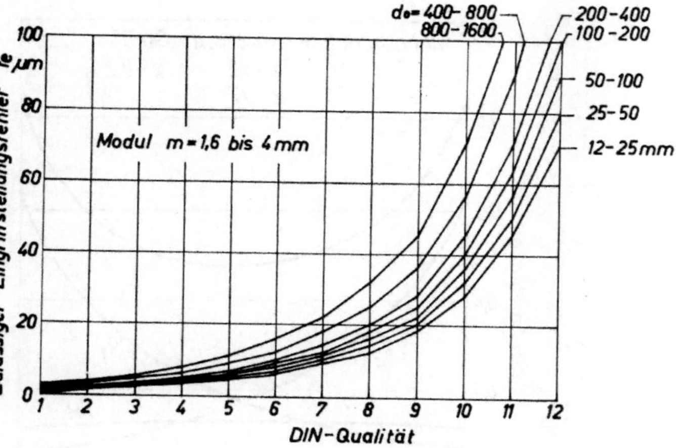

Abb. 21 Zulässige Eingriffsteilungsfehler (DIN 3962)

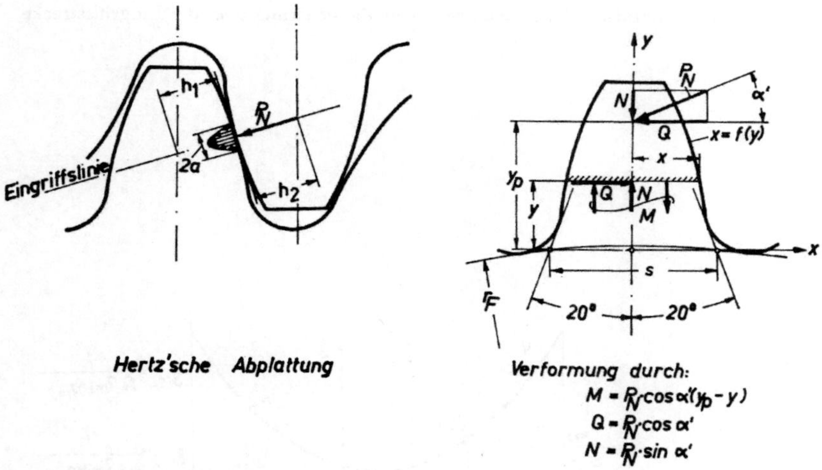

Abb. 22 Elastische Formänderung der Zähne (nach C. Weber und K. Banaschek)

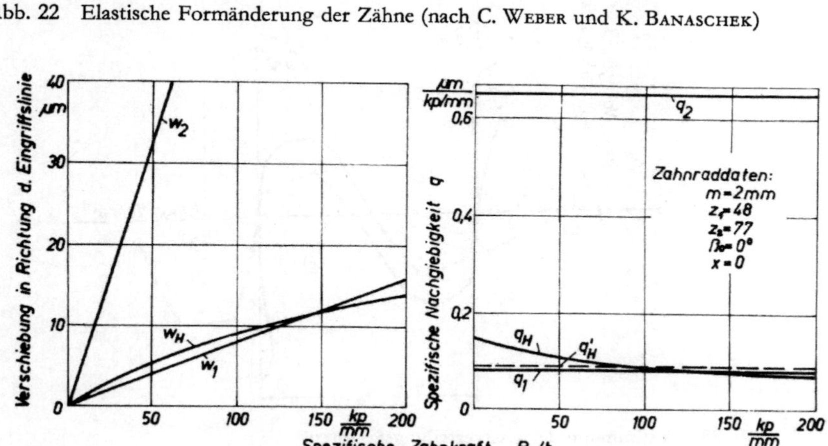

Abb. 23 Zahnverformung und Nachgiebigkeit zu Beginn des Zahneingriffs

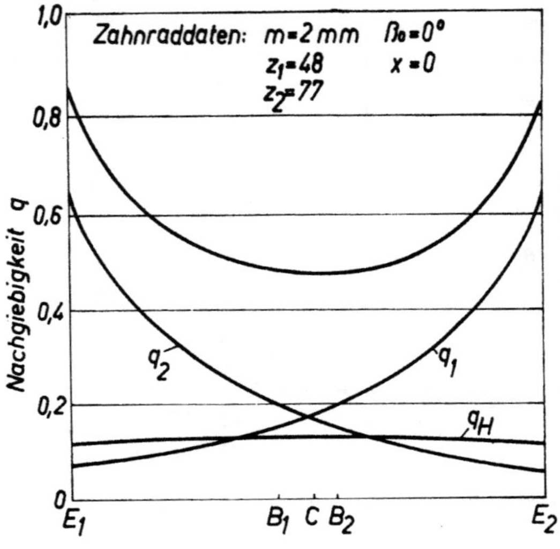

Abb. 24 Spezifische Nachgiebigkeit einer Zahnpaarung über der Eingriffsstrecke

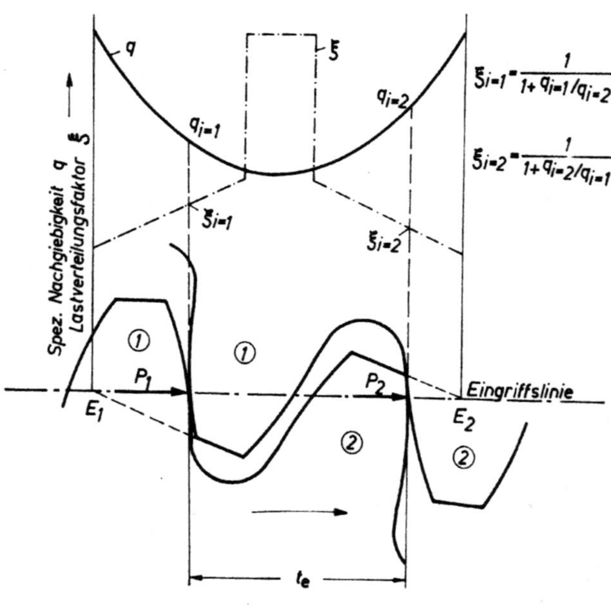

Abb. 25 Bestimmung der Lastverteilungsfaktoren

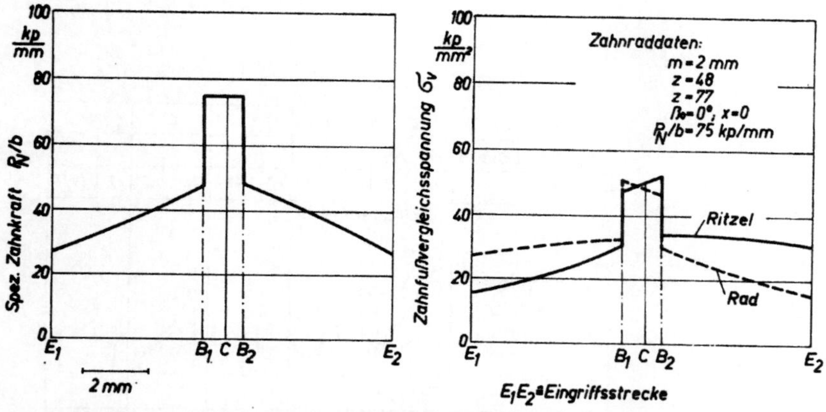

Abb. 26 Spezifische Zahnkraft und Zahnfußvergleichsspannung einer Zahnpaarung an fehlerfreien Stirnrädern

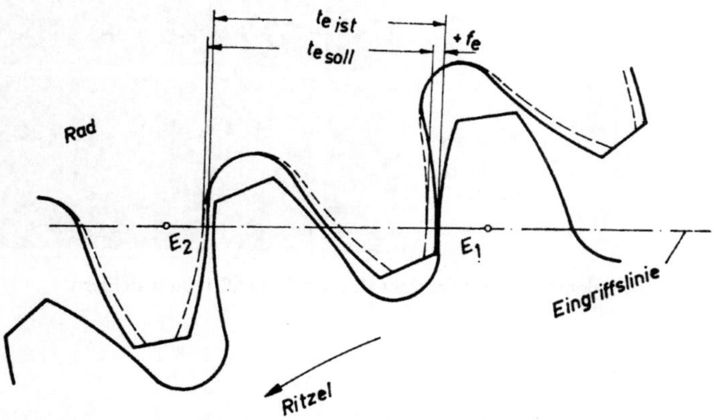

Abb. 27 Eingriffsteilungsfehler als Folge eines Eingriffswinkelfehlers

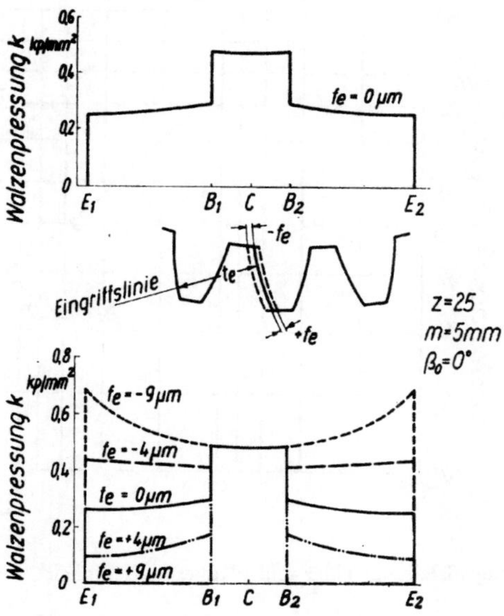

Abb. 28 Eingriffsteilungsfehler und Walzenpressung

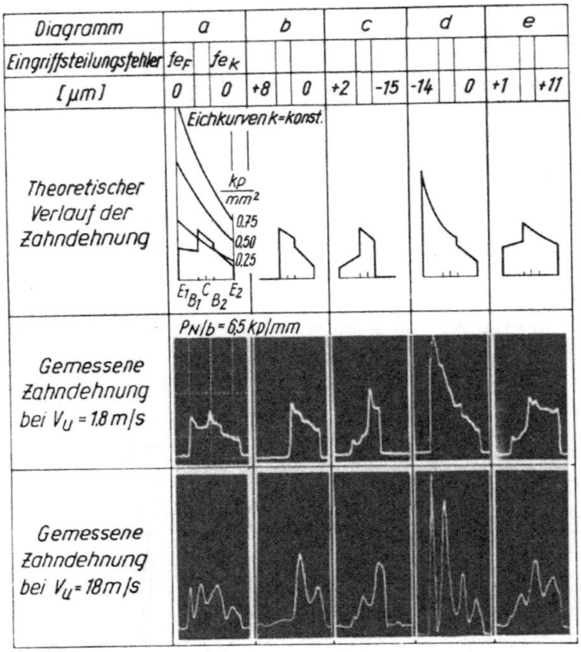

Abb. 29 Zahndehnung bei unterschiedlichen Eingriffsteilungsfehlern

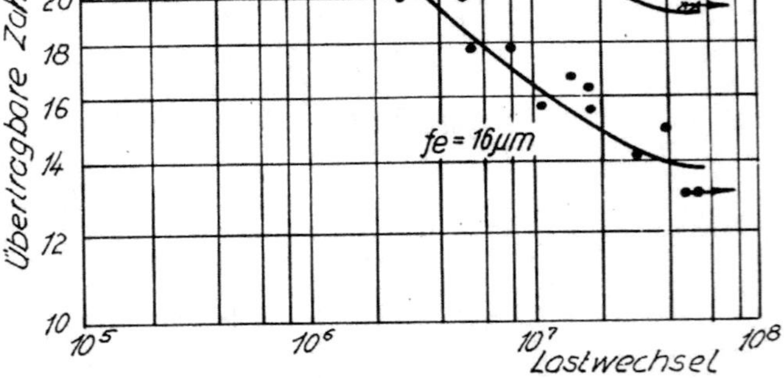

Abb. 30 Eingriffsteilungsfehler und Flankentragfähigkeit

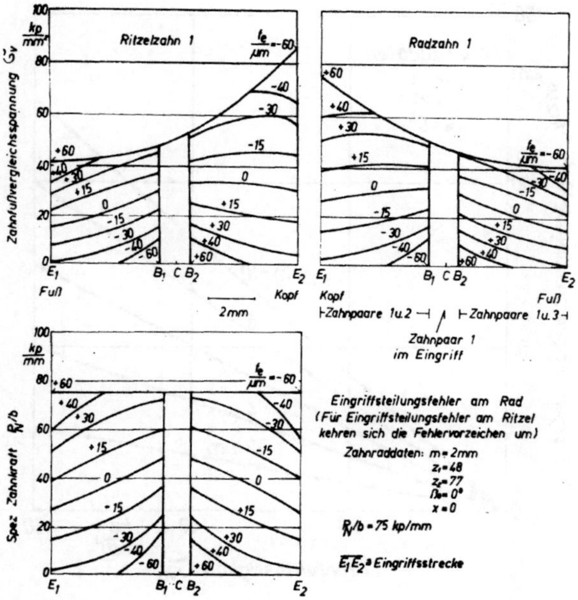

Abb. 31 Einfluß von Eingriffsteilungsfehlern auf den Verlauf der Zahnkraft und der Zahnfußvergleichsspannung

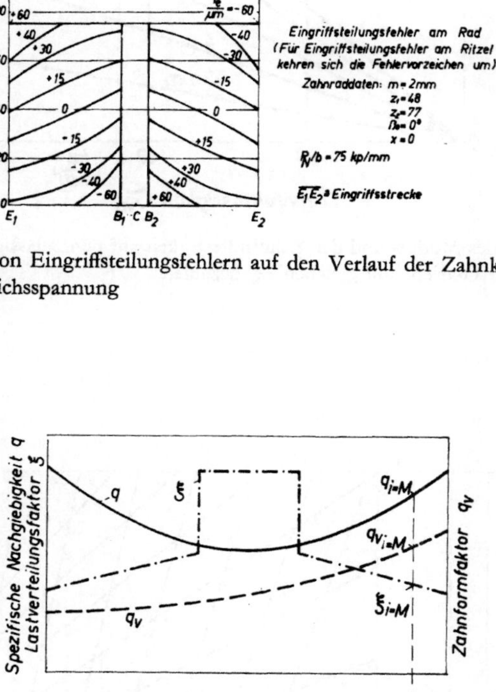

Abb. 32 Definition des zulässigen Eingriffsteilungsfehlers und der zulässigen Zahnfußvergleichsspannung

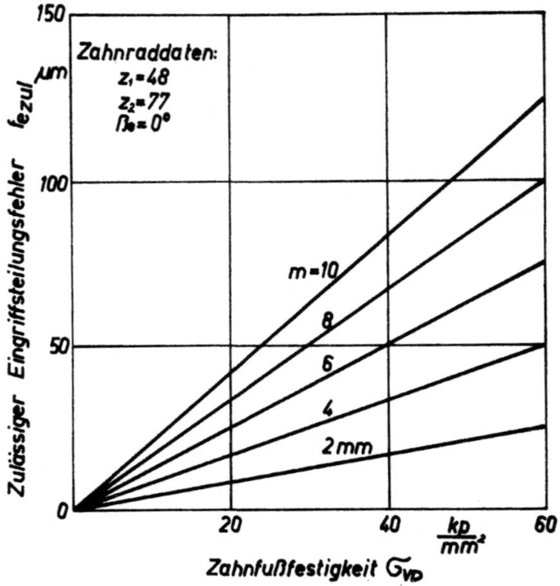

Abb. 33 Einfluß des Moduls und der Zahnfußfestigkeit auf den zulässigen Eingriffsteilungsfehler für Getriebe mit gleichen Zähnezahlen

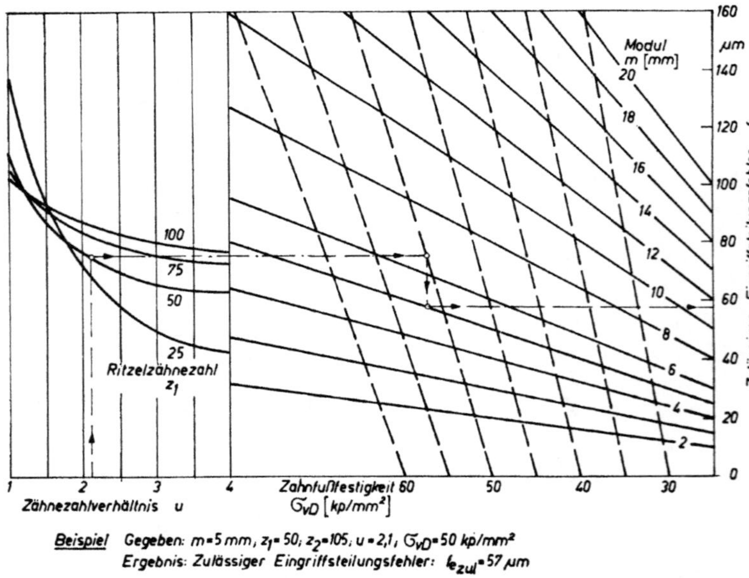

Abb. 34 Zulässiger Eingriffsteilungsfehler an Geradstirnrädern

Zahnfuß-festigkeit σ_{VD} (kp/mm²)	Zulässiger Eingriffs-teilungs-fehler	Modul m (mm)		
		2	5	10
30	$f_{e\,zul.}$ (µm) (berechnet)	13	33	65
	DIN-Qualität (DIN 3962	5	6	8
40	$f_{e\,zul.}$ (µm) (berechnet)	17	44	87
	DIN-Qualität (DIN 3962)	6	7	9
50	$f_{e\,zul.}$ (µm) (berechnet)	22	55	109
	DIN-Qualität (DIN 3962)	7	8	9

Zahnraddaten:
$z_1 = 25$
$z_2 = 100$
$\beta_0 = 0^0$

zulässiger Eingriffsteilungsfehler
$f_{e\,zul.} = f_{e\,Rad} + f_{e\,Ritzel}$

Abb. 35 Einfluß von Modul und Zahnfußfestigkeit auf den zulässigen Eingriffsteilungsfehler

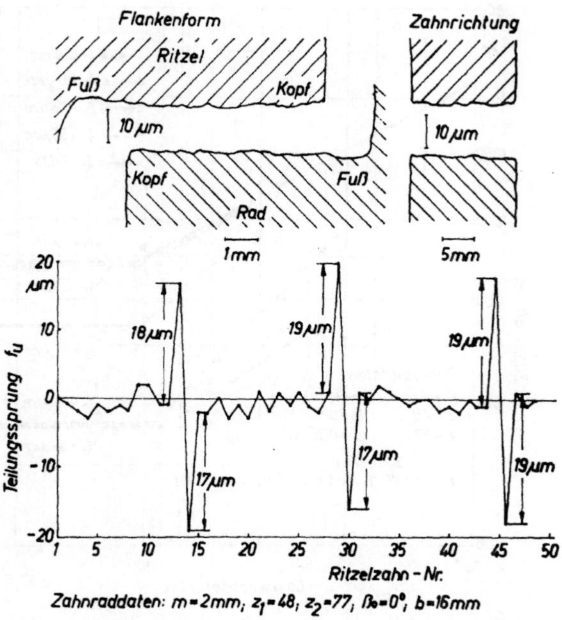

Abb. 36 Verzahnungsqualität der einsatzgehärteten Versuchsräder aus 16 MnCr 5

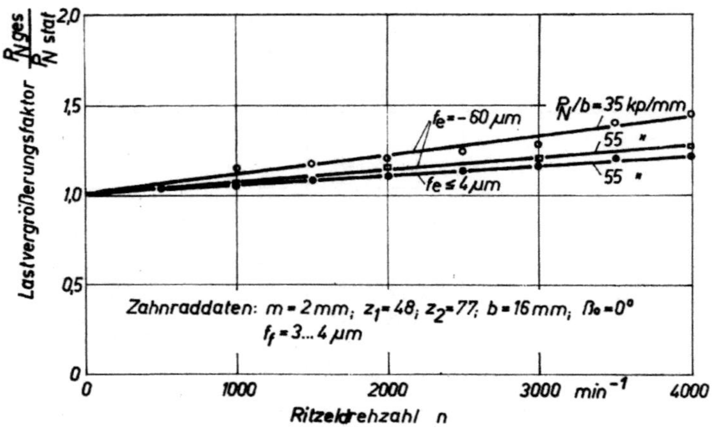

Abb. 37 Einfluß der Belastung und des Eingriffsteilungsfehlers auf den Lastvergrößerungsfaktor

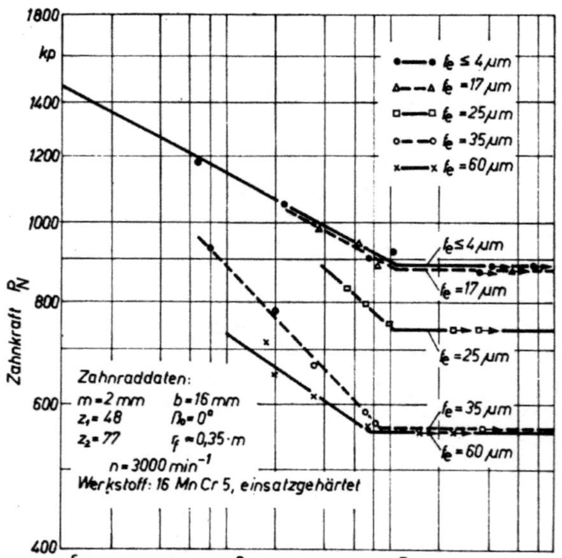

Abb. 38 Einfluß von Eingriffsteilungsfehlern auf die übertragbare Zahnkraft

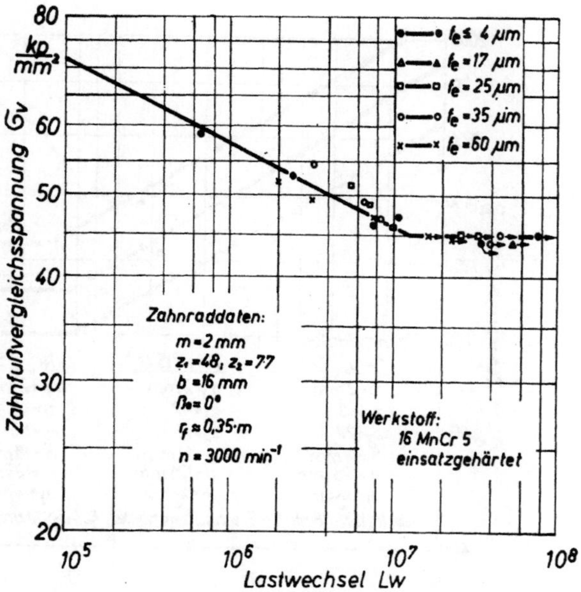

Abb. 39 Zahnfußvergleichsspannung an Getrieben mit unterschiedlichen Eingriffsteilungsfehlern

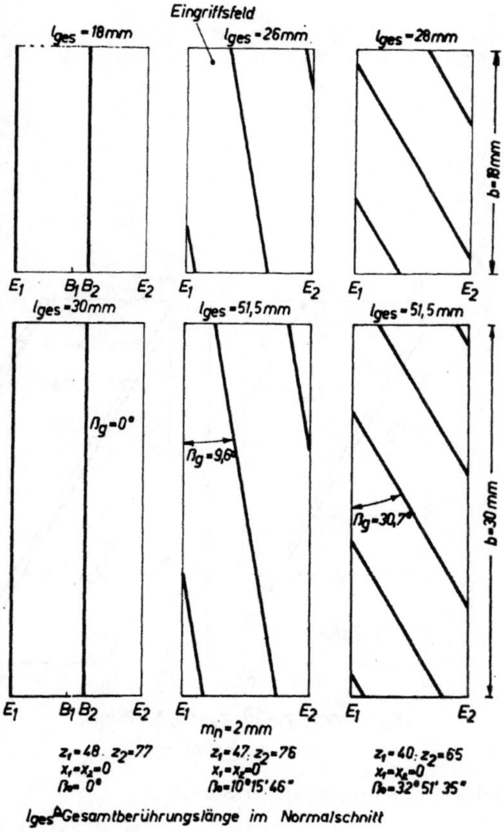

Abb. 40 Eingriffsfelder und Berührungslinien bei Gerad- und Schrägverzahnung

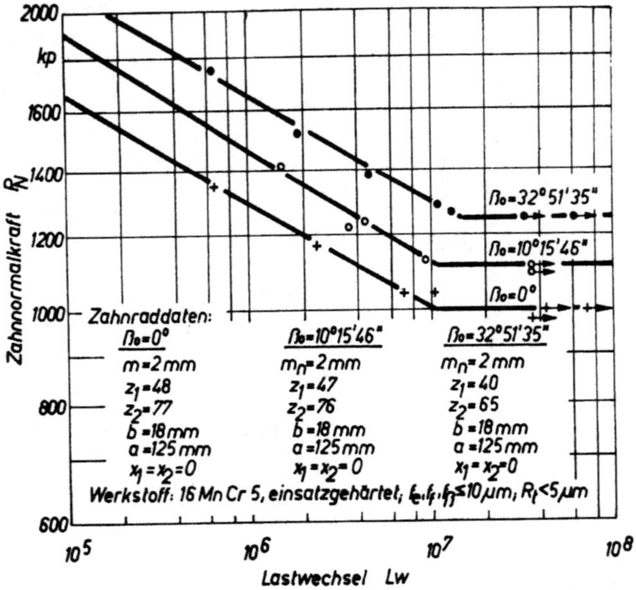

Abb. 41 Tragfähigkeit von Stirnrädern mit unterschiedlichen Schrägungswinkeln

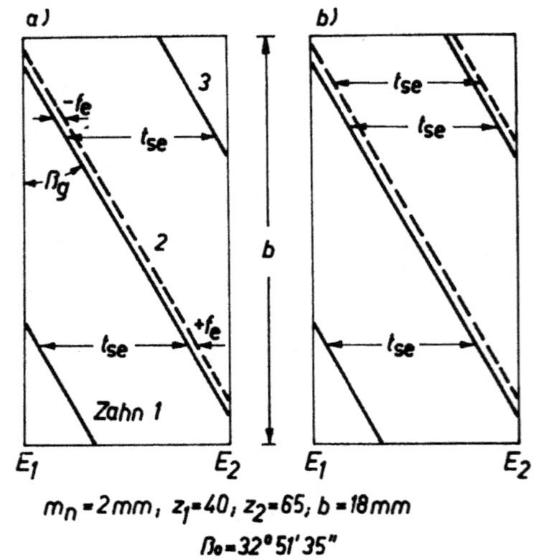

Abb. 42 Eingriffsfläche schrägverzahnter Stirnräder

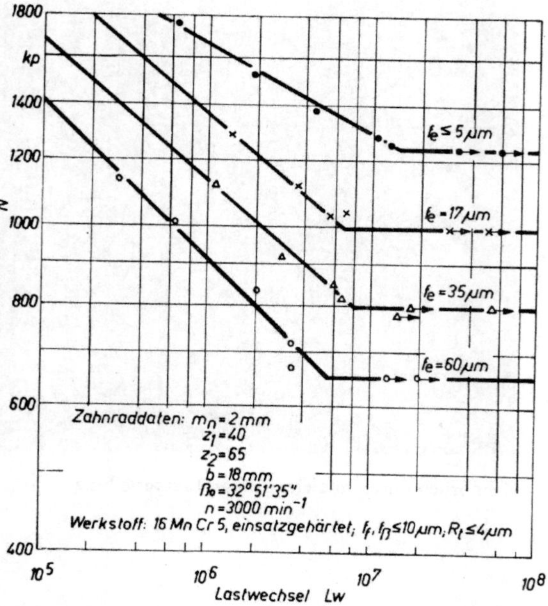

Abb. 43 Einfluß von Eingriffsteilungsfehlern auf die Tragfähigkeit schrägverzahnter Stirnräder

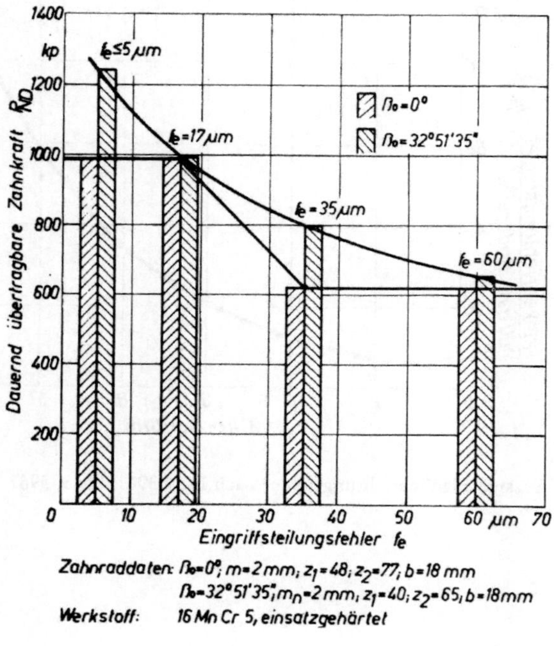

Abb. 44 Einfluß von Eingriffsteilungsfehlern an Gerad- und Schrägstirnrädern

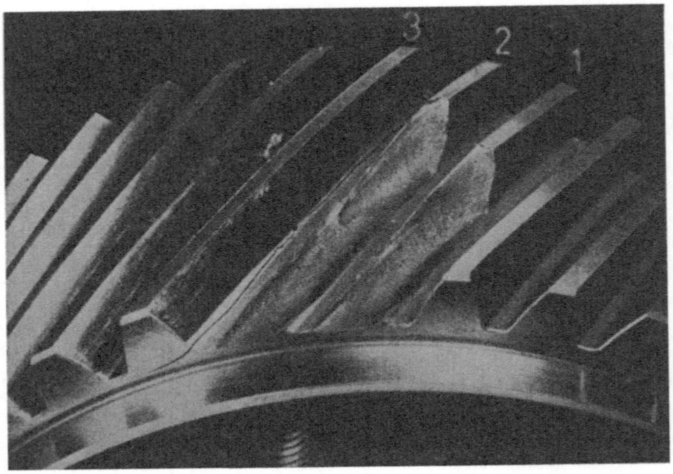

Abb. 45 Zahnbruch durch ungleichmäßige Lastverteilung

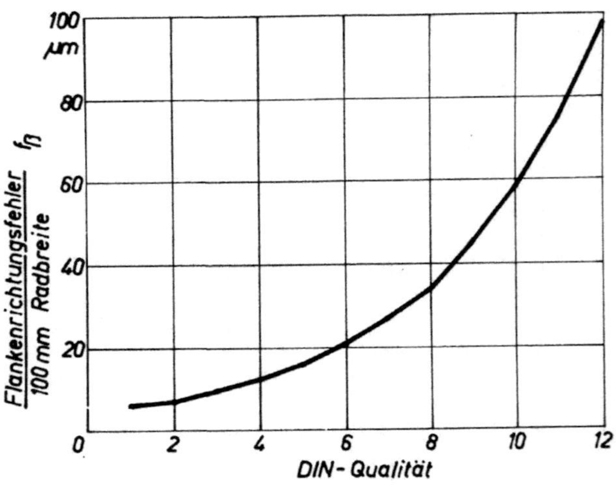

Abb. 46 Zulässige Flankenrichtungsfehler nach DIN 3961, 3963, 3967

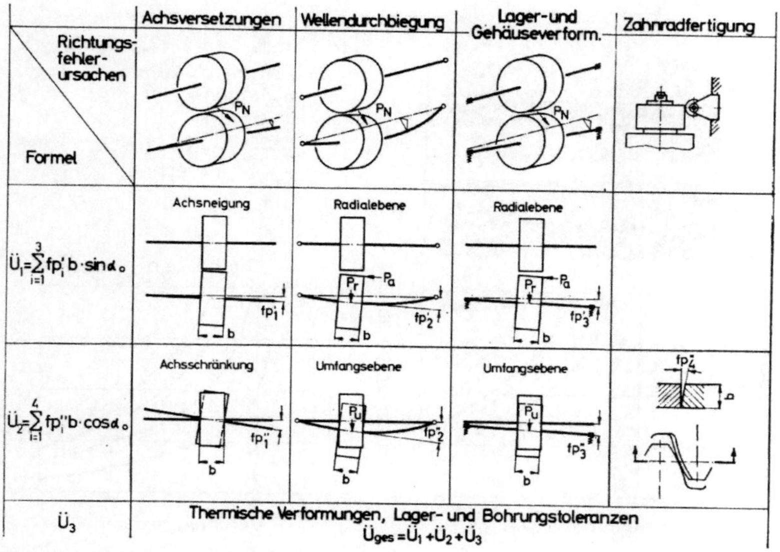

Abb. 47 Ursachen wirksamer Flankenrichtungsfehler

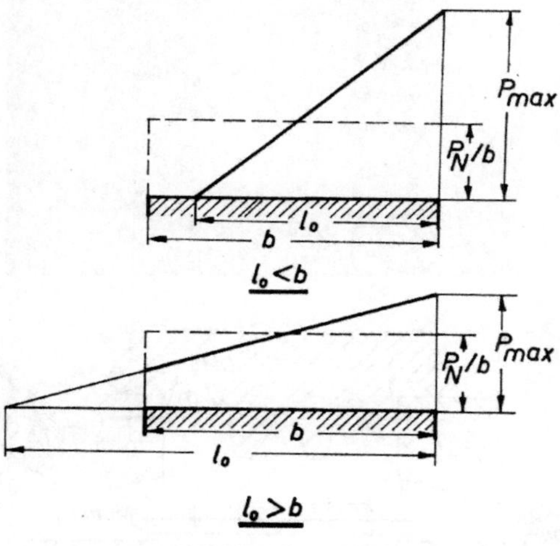

Abb. 48 Belastungsverteilung an Geradstirnrädern mit Flankenrichtungsfehlern

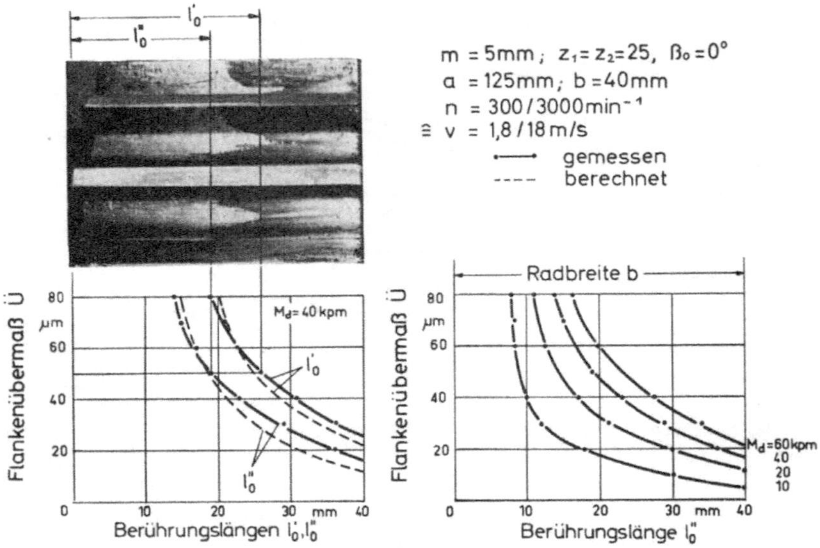

Abb. 49 Tragbildmessungen bei Stirnrädern mit Flankenrichtungsfehlern

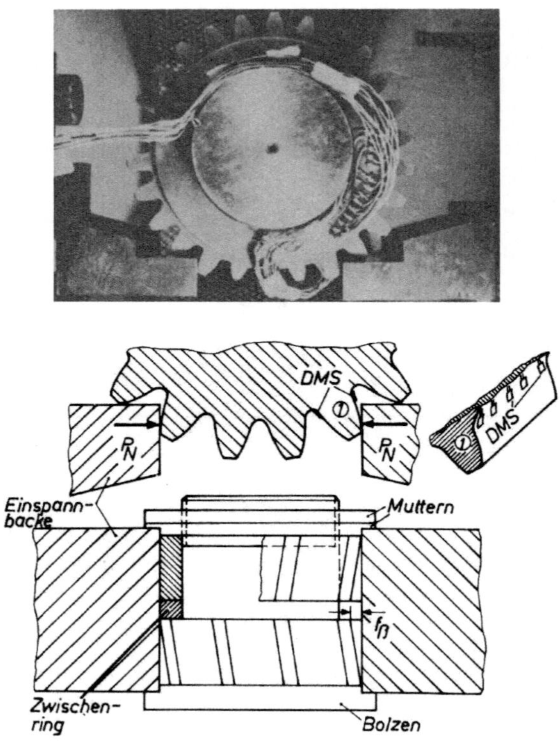

Abb. 50 Meßanordnung für Dehnungsmessungen im Pulsator

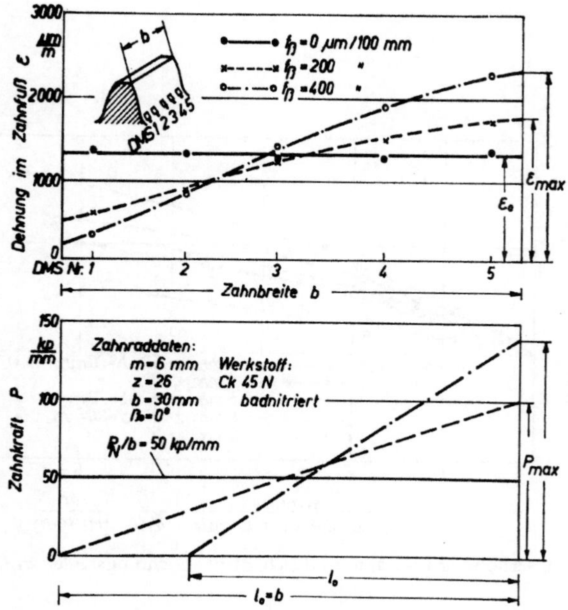

Abb. 51 Belastungsverteilung auf der Zahnflanke und Dehnungsverlauf im Zahnfuß an Geradstirnrädern mit Flankenrichtungsfehlern

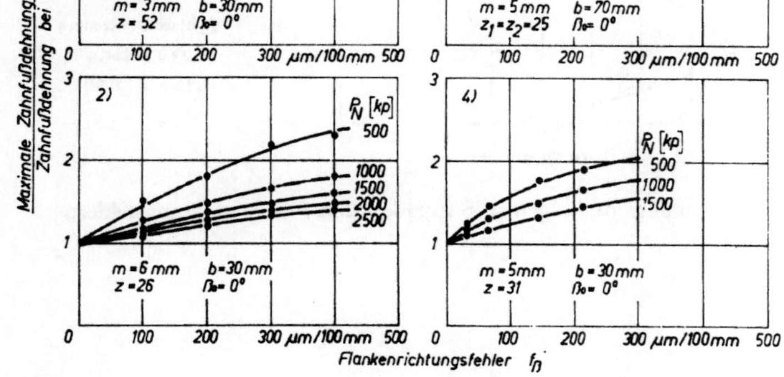

Abb. 52 Dehnungserhöhung im Zahnfuß durch Flankenrichtungsfehler an Geradstirnrädern

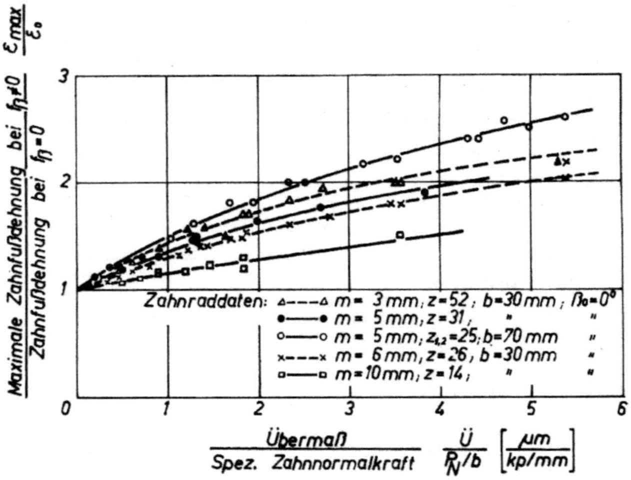

Abb. 53 Dehnungserhöhung im Zahnfuß durch Flankenrichtungsfehler an Geradstirnrädern

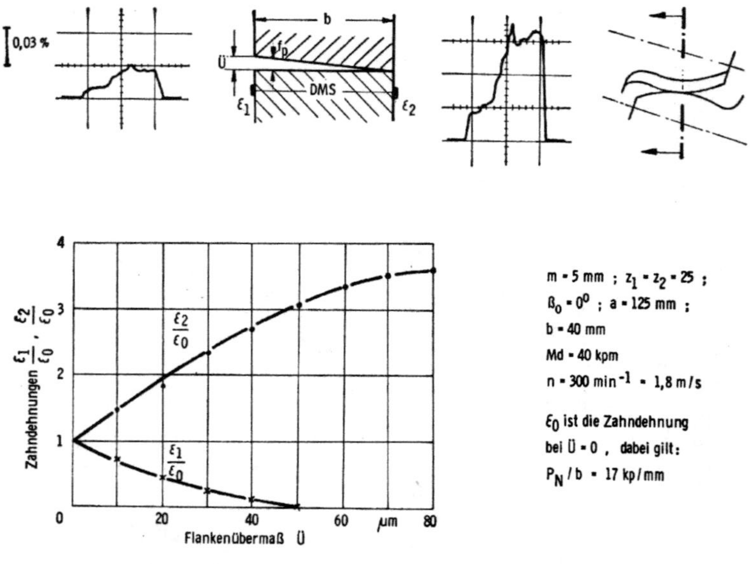

Abb. 54 Zahndehnungsmessungen an Stirnrädern mit Flankenrichtungsfehlern

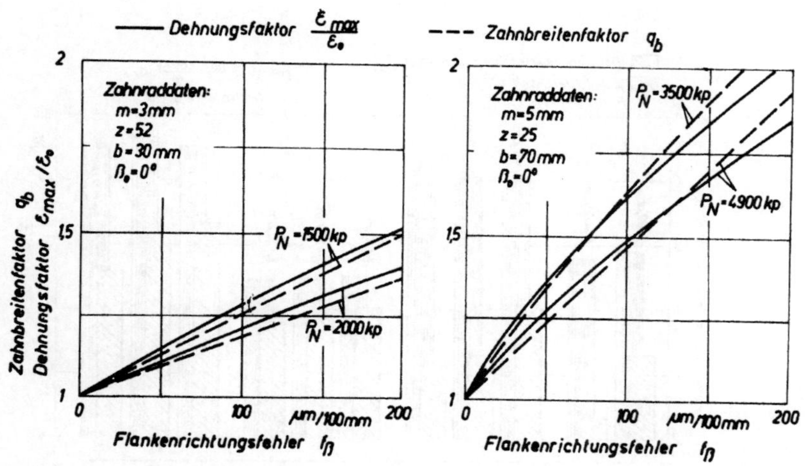

Abb. 55 Zahnbreitenfaktor q_b und Dehnungsfaktor $\varepsilon_{max}/\varepsilon_0$

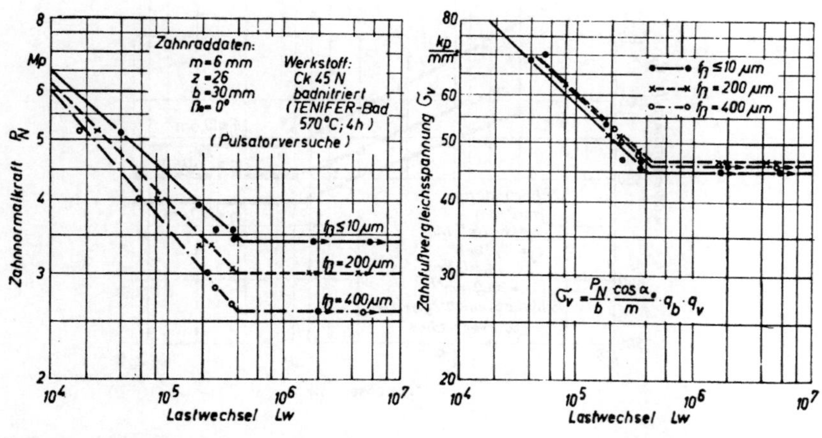

Abb. 56 Einfluß von Flankenrichtungsfehlern auf die Tragfähigkeit gehärteter Stirnräder (Pulsatorversuche)

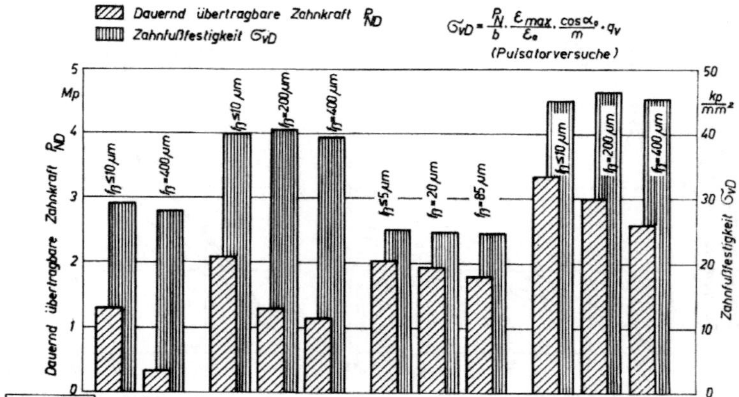

m [mm]	2	3	5	6
z	77	52	31	26
b [mm]	30	30	30	30
β_o [°]	0	0	0	0
Werkstoff u. Härteverfahr.	Ck 45 V	Ck 45 N gasnitriert (Ammoniak, 500 °C, 48 h)	Ck 45 N	Ck 45 N, badnitriert (TENIFER-Bad; 570 °C; 4 h)

Abb. 57 Einfluß von Flankenrichtungsfehlern auf die Tragfähigkeit gehärteter Stirnräder (Pulsatorversuche)

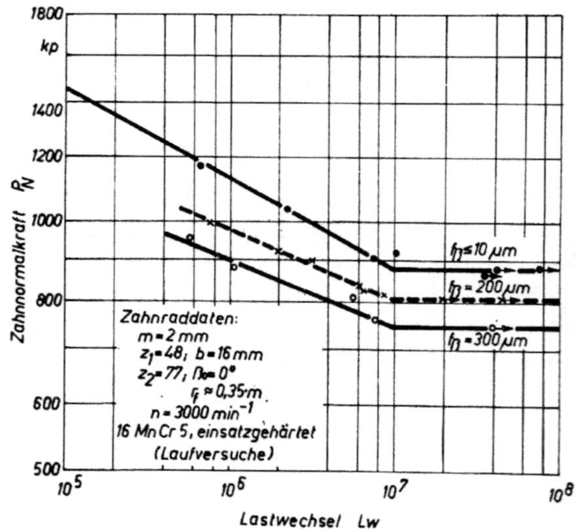

Abb. 58 Einfluß von Flankenrichtungsfehlern auf die Tragfähigkeit gehärteter Stirnräder (Laufversuche)

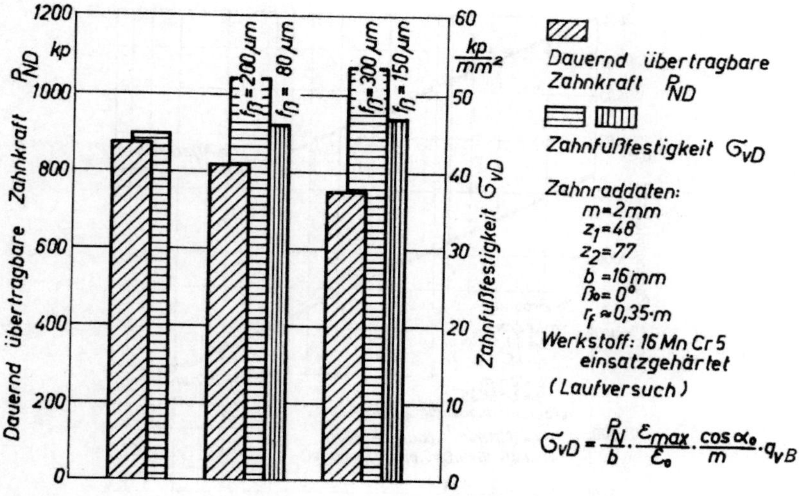

Abb. 59 Einfluß von Flankenrichtungsfehlern auf die Tragfähigkeit gehärteter Stirnräder (Laufversuche)

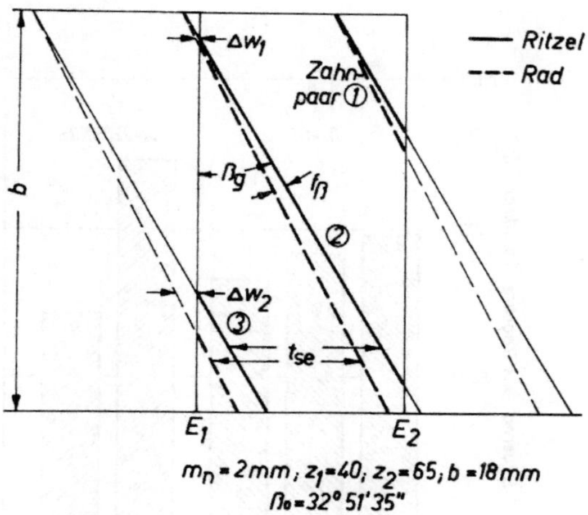

Abb. 60 Eingriffsfeld schrägverzahnter Stirnräder mit Flankenrichtungsfehlern

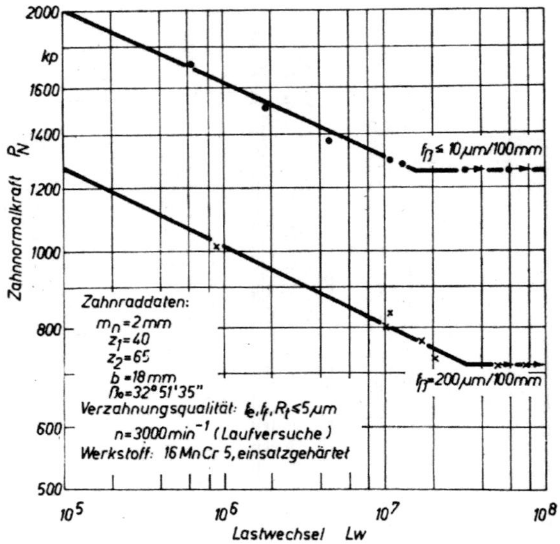

Abb. 61 Tragfähigkeit schrägverzahnter Stirnräder mit Flankenrichtungsfehlern

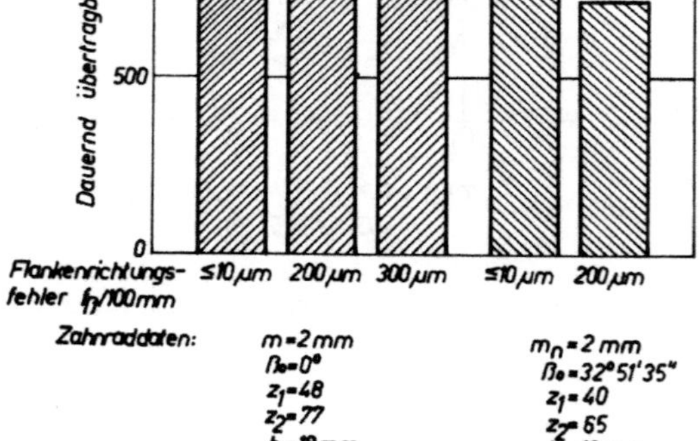

Abb. 62 Tragfähigkeit gerad- und schrägverzahnter Stirnräder mit Flankenrichtungsfehlern

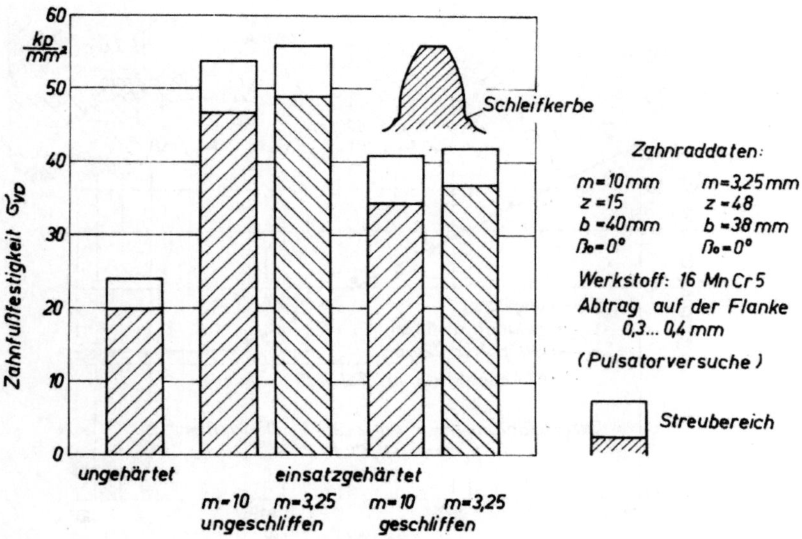

Abb. 63 Einfluß von Schleifkerben auf die Zahnfußfestigkeit

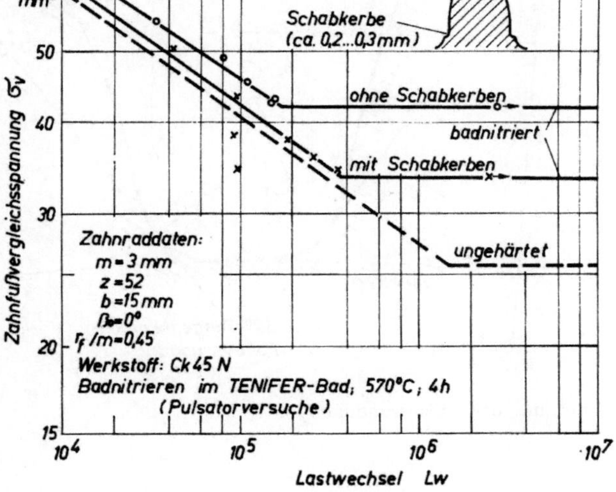

Abb. 64 Einfluß von Schabkerben auf die Zahnfußfestigkeit

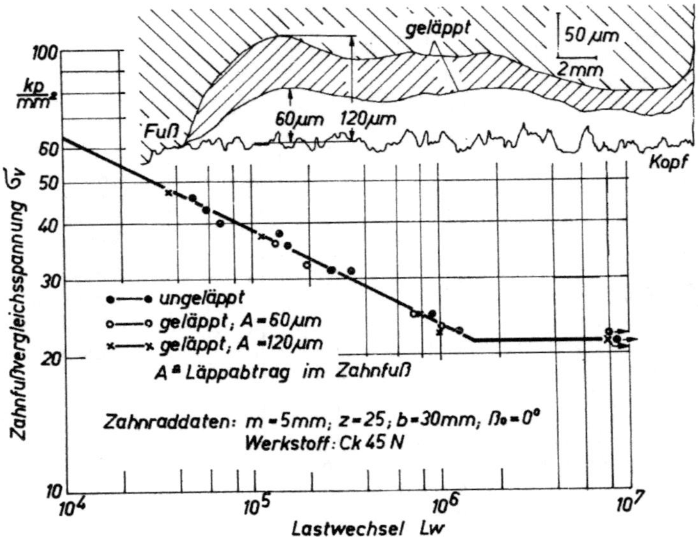

Abb. 65 Einfluß von Läppkerben auf die Zahnfußfestigkeit

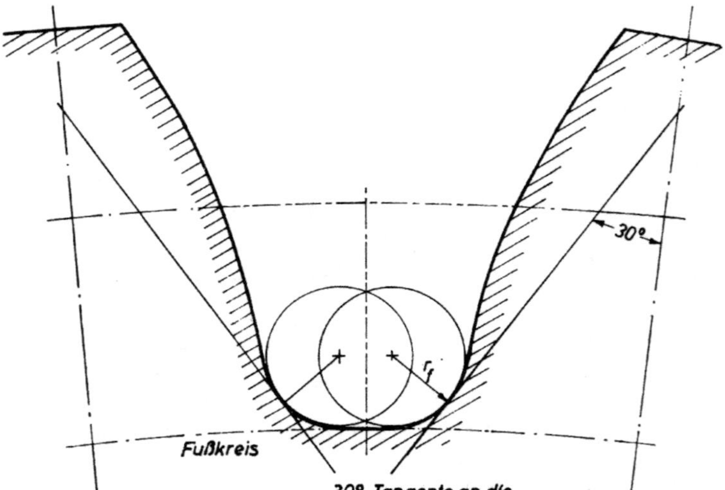

Abb. 66 Ermittlung der Fußausrundung r_f

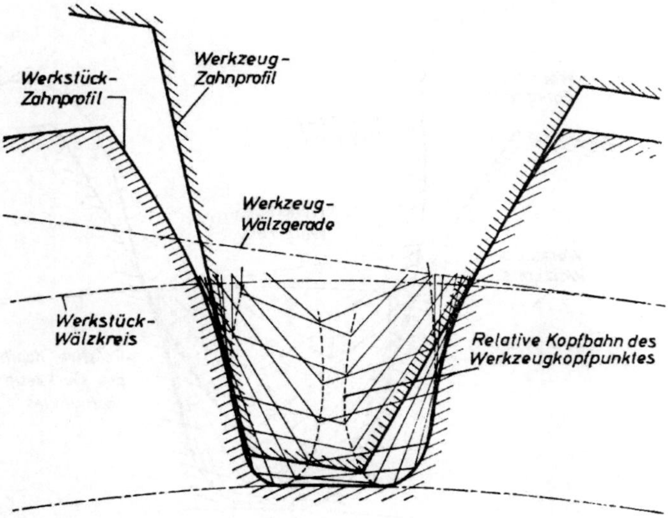

Abb. 67 Ausbildung der Zahnfußausrundung beim Wälzfräsen

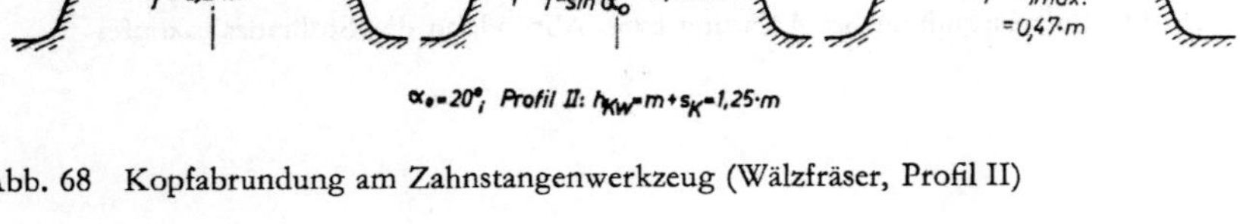

Abb. 68 Kopfabrundung am Zahnstangenwerkzeug (Wälzfräser, Profil II)

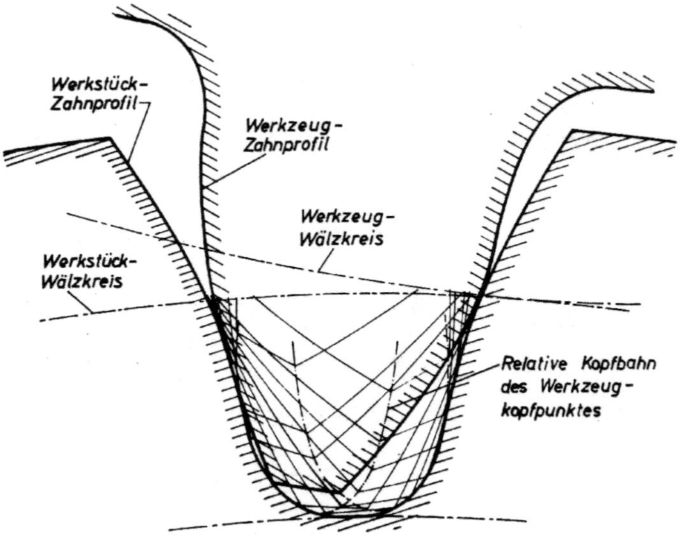

Abb. 69 Ausbildung der Zahnfußausrundung beim Wälzstoßen mit Schneidrad

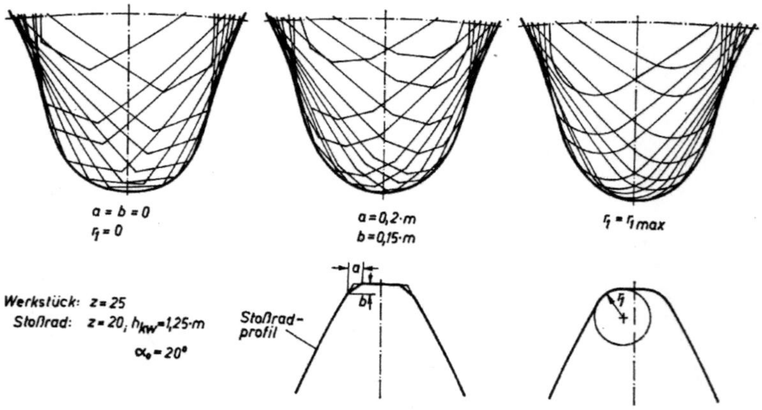

Abb. 70 Fußausrundung bei Anfasung bzw. Abrundung des Stoßradzahnkopfes

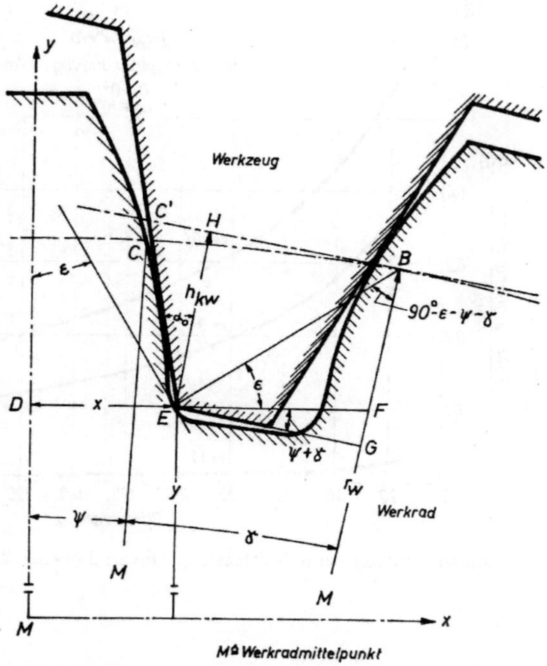

Abb. 71 Eingriffsverhältnisse zwischen nicht abgerundetem Wälzfräser und Werkrad bei der Ausbildung der Zahnfußausrundung

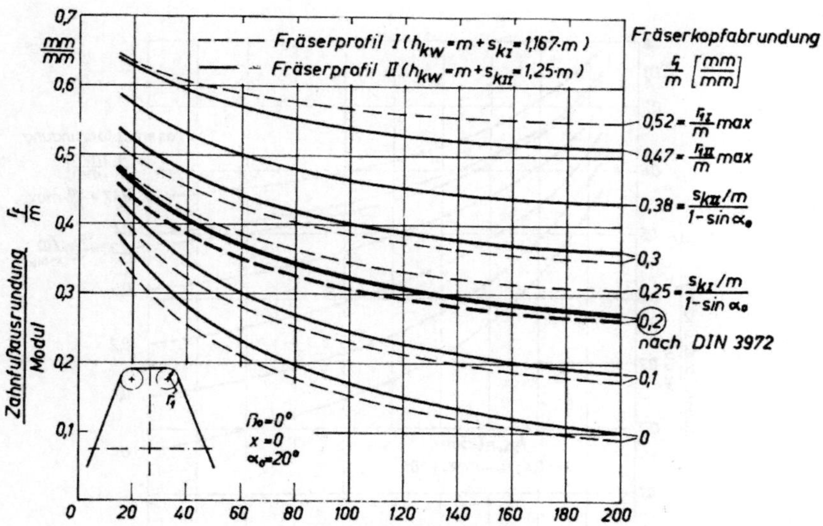

Abb. 72 Größe der Zahnfußausrundung beim Wälzfräsen mit Zahnstangenwerkzeug ($α_0 = 20°$)

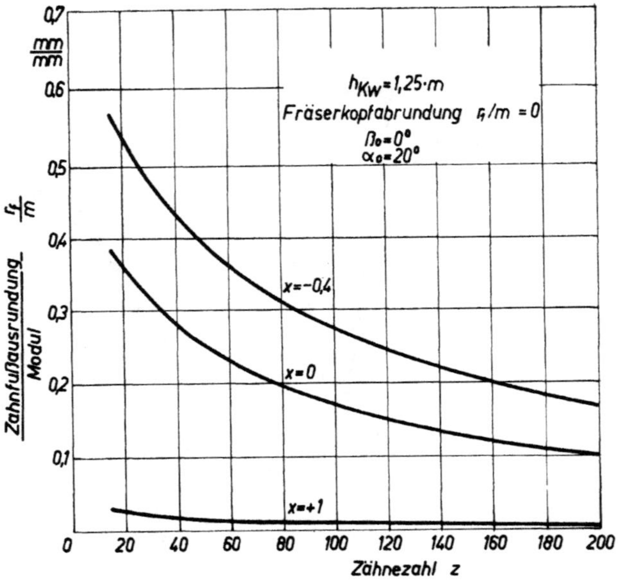

Abb. 73 Zahnfußausrundung beim Wälzfräsen profilverschobener Zahnräder

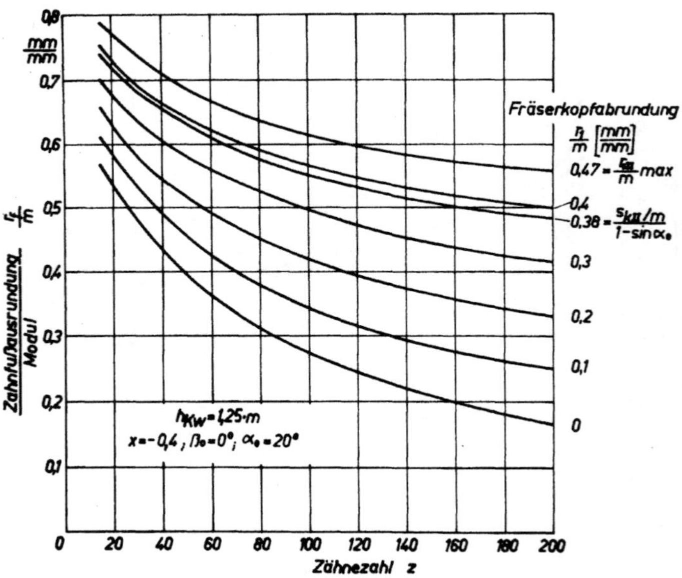

Abb. 74 Zahnfußausrundung beim Wälzfräsen negativprofilverschobener Zahnräder

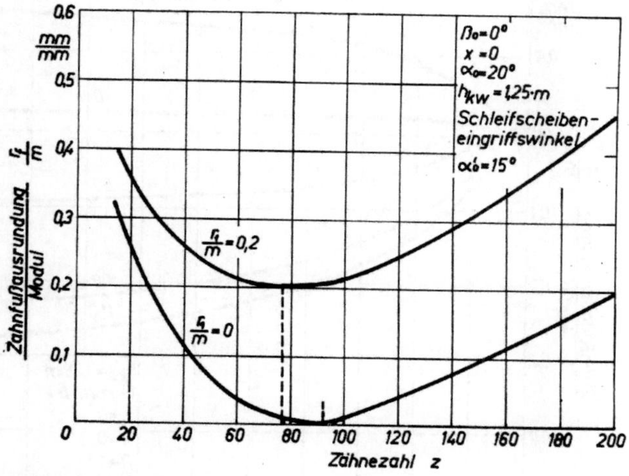

Abb. 75 Zahnfußausrundung beim 15°-Wälzschleifen

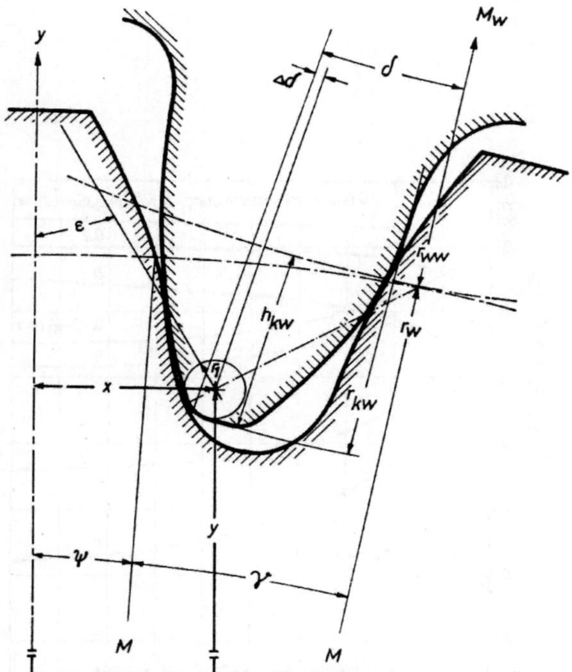

Abb. 76 Eingriffsverhältnisse zwischen Schneidrad und Werkrad beim Wälzstoßen

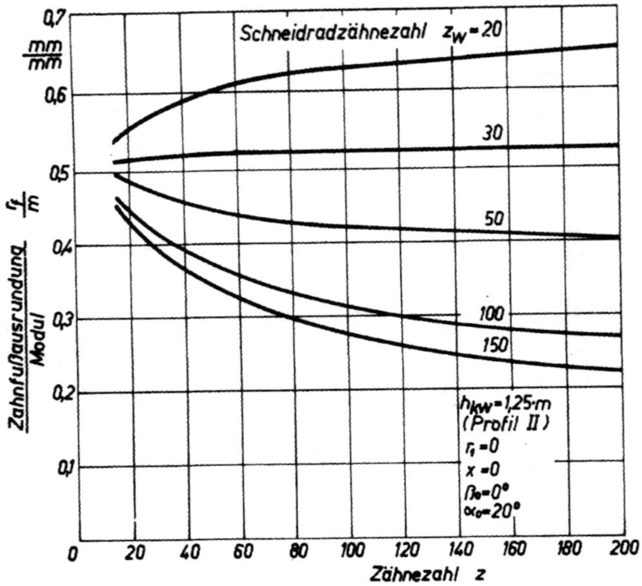

Abb. 77 Größe der Zahnfußausrundung beim Wälzstoßen mit Schneidrad

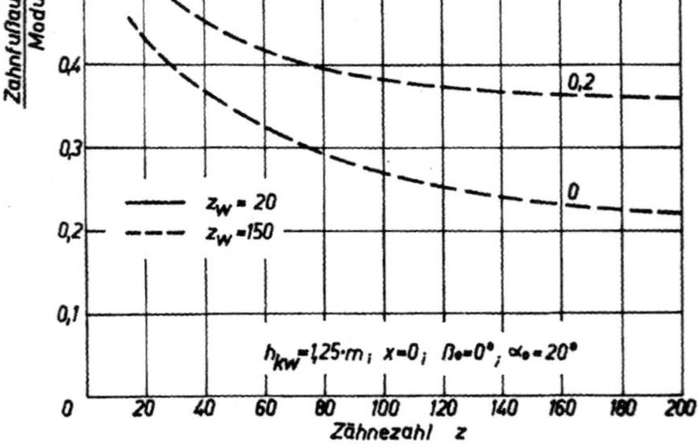

Abb. 78 Größe der Zahnfußausrundung beim Wälzstoßen mit abgerundetem Schneidrad

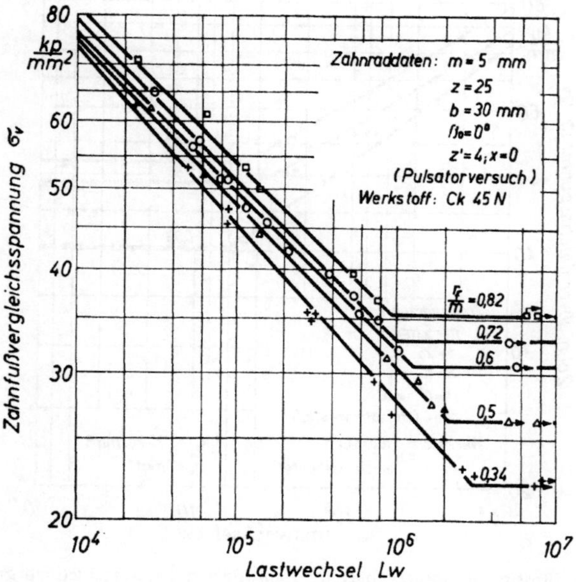

Abb. 79 Zahnfußfestigkeit von Zahnrädern mit unterschiedlich großer Zahnfußausrundung

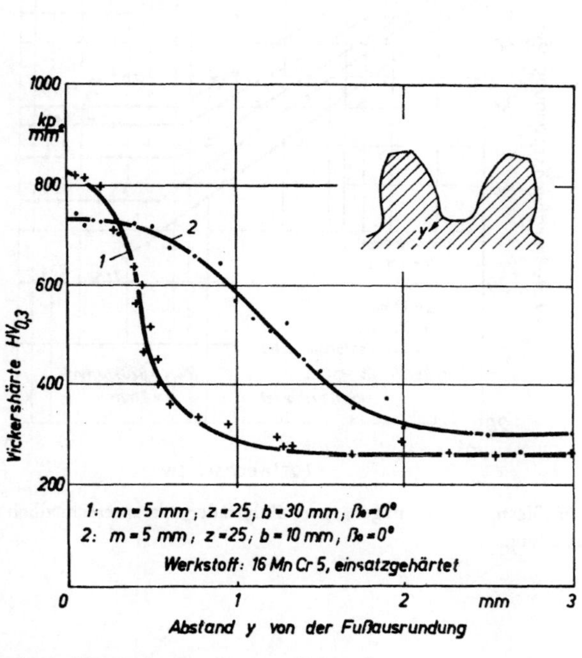

Abb. 80 Vickershärte $HV_{0,3}$ einsatzgehärteter Zahnräder

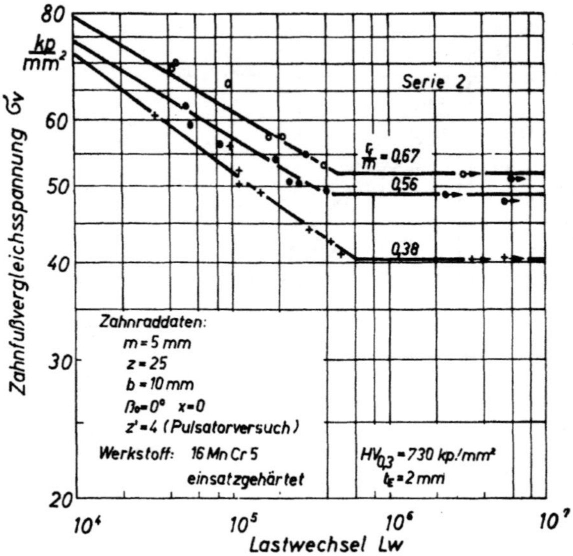

Abb. 81 Zahnfußfestigkeit einsatzgehärteter Zahnräder mit unterschiedlich großer Zahnfußausrundung

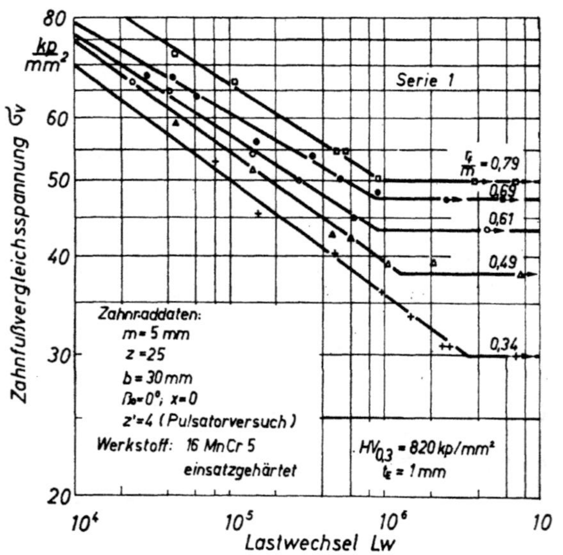

Abb. 82 Zahnfußfestigkeit einsatzgehärteter Zahnräder mit unterschiedlich großer Zahnfußausrundung

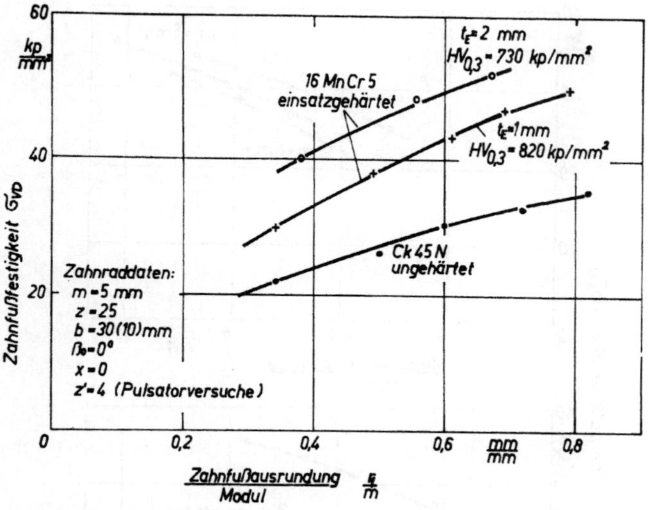

Abb. 83 . Zahnfußfestigkeit in Abhängigkeit von der Größe der Fußausrundung

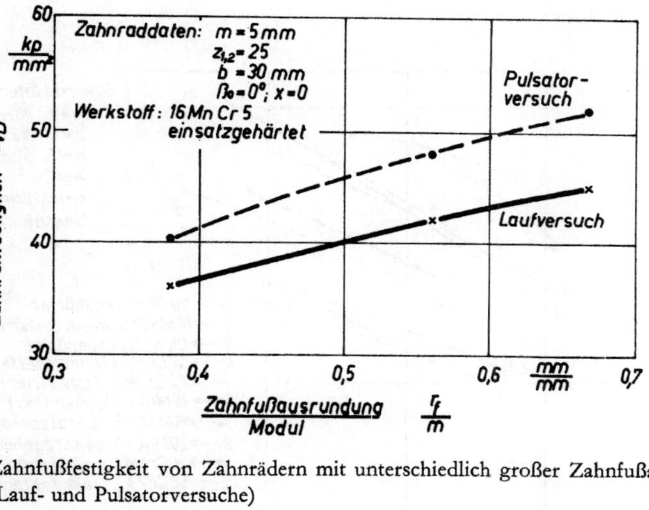

Abb. 84 Zahnfußfestigkeit von Zahnrädern mit unterschiedlich großer Zahnfußausrundung (Lauf- und Pulsatorversuche)

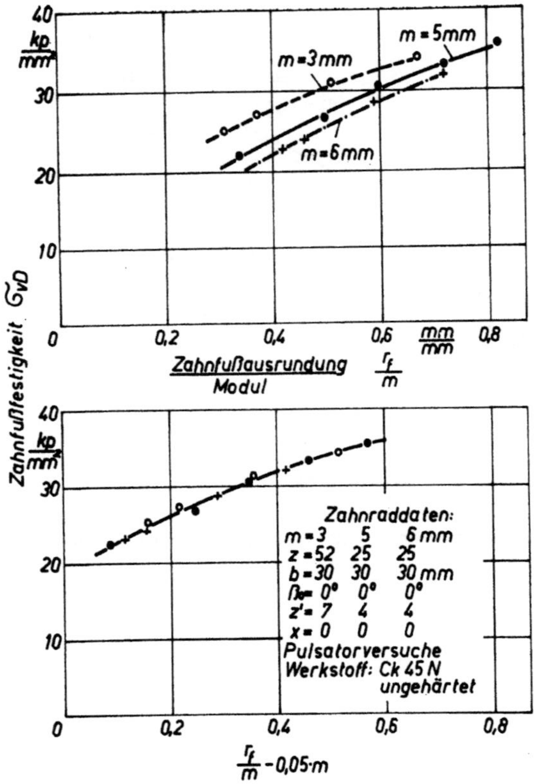

Abb. 85 Zahnfußfestigkeit von Zahnrädern mit verschieden großer Fußausrundung und unterschiedlichem Modul

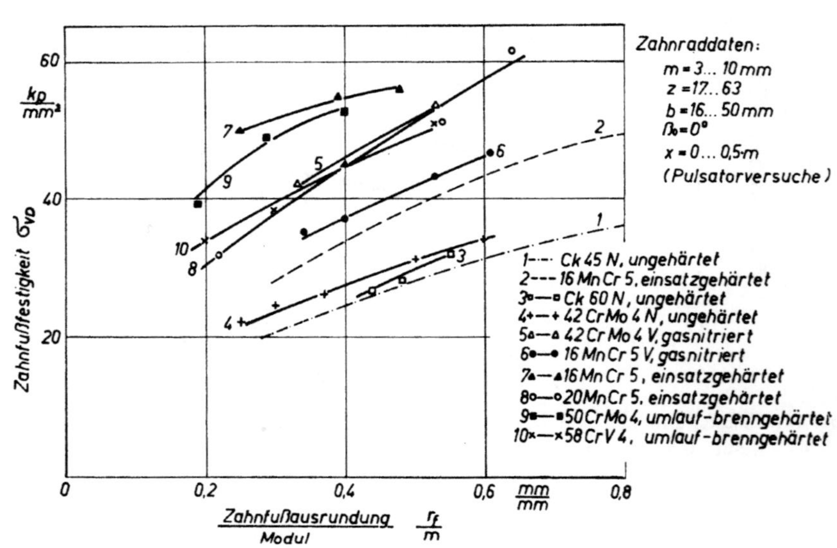

Abb. 86 Zahnfußfestigkeit gehärteter Zahnräder

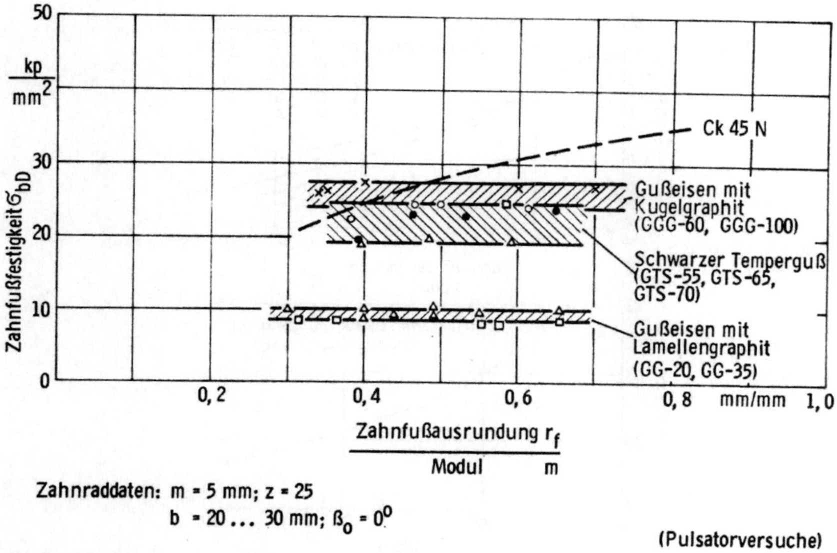

Abb. 87 Zahnfußfestigkeit von Zahnrädern aus Gußwerkstoffen

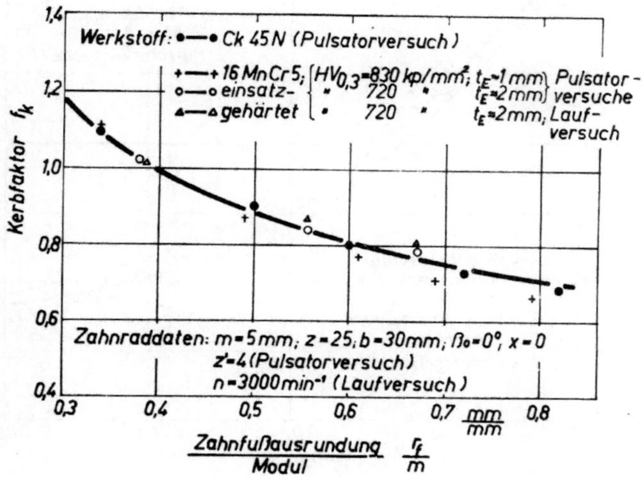

Abb. 88 Kerbfaktor f_k für den Einfluß der Fußausrundung auf die Zahnfußfestigkeit

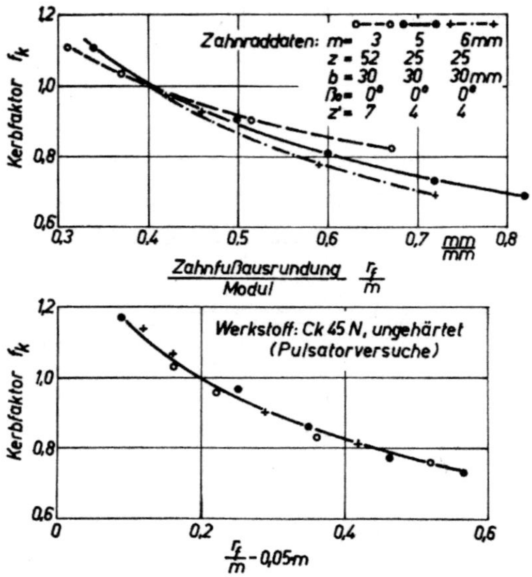

Abb. 89 Kerbfaktor f_k an Rädern mit unterschiedlichem Modul

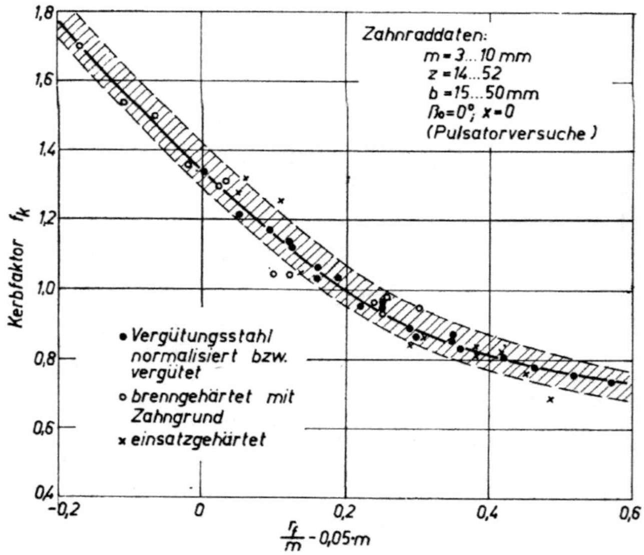

Abb. 90 Kerbfaktor f_k an normalisierten, vergüteten, brenn- und einsatzgehärteten Zahnrädern

Forschungsberichte des Landes Nordrhein-Westfalen

Herausgegeben im Auftrage des Ministerpräsidenten Heinz Kühn
von Staatssekretär Professor Dr. h. c. Dr. E. h. Leo Brandt

Sachgruppenverzeichnis

Acetylen · Schweißtechnik

Acetylene · Welding gracitice
Acétylène · Technique du soudage
Acetileno · Técnica de la soldadura
Ацетилен и техника сварки

Arbeitswissenschaft

Labor science
Science du travail
Trabajo científico
Вопросы трудового процесса

Bau · Steine · Erden

Constructure · Construction material · Soil research
Construction · Matériaux de construction · Recherche souterraine
La construcción · Materiales de construcción Reconocimiento del suelo
Строительство и строительные материалы

Bergbau

Mining
Exploitation des mines
Minería
Горное дело

Biologie

Biology
Biologie
Biologia
Биология

Chemie

Chemistry
Chimie
Quimica
Химия

Druck · Farbe · Papier · Photographie

Printing · Color · Paper · Photography
Imprimerie · Couleur · Papier · Photographie
Artes gráficas · Color · Papel · Fotografía
Типография · Краски · Бумага · Фотография

Eisenverarbeitende Industrie

Metal working industry
Industrie du fer
Industria del hierro
Металлообработывающая промышленность

Elektrotechnik · Optik

Electrotechnology · Optics
Electrotechnique · Optique
Electrotécnica · Optica
Электротехника и оптика

Energiewirtschaft

Power economy
Energie
Energía
Энергетическое хозяиство

Fahrzeugbau · Gasmotoren

Vehicle construction · Engines
Construction de véhicules · Moteurs
Construcción de vehículos · Motores
Производство транспортных · Средств

Fertigung

Fabrication
Fabrication
Fabricación
Производство

Funktechnik · Astronomie

Radio engineering · Astronomy
Radiotechnique Astronomie
Radiotécnica · Astronomía
Радиотехника и астрономия

Gaswirtschaft

Gas economy
Gaz
Gas
Газовое хозяйство

Holzbearbeitung

Wood working
Travail du bois
Trabajo de la madera
Деревообработка

Hüttenwesen · Werkstoffkunde

Metallurgy · Materials research
Métallurgie · Materiaux
Metalurgia · Materiales
Металлургия и материаловедение

Kunststoffe

Plastics
Plastiques
Plásticos
Пластмассы

Luftfahrt · Flugwissenschaft

Aeronautics · Aviation
Aéronautique · Aviation
Aeronáutica · Aviación
Авиация

Luftreinhaltung

Air-cleaning
Purification de l'air
Purificación del aire
Очищение воздуха

Maschinenbau

Machinery
Construction mécanique
Construcción de máquinas
Машиностроительство

Mathematik

Mathematics
Mathématiques
Mathemáticas
Математика

Medizin · Pharmakologie

Medicine · Pharmacology
Médecine · Pharmacologie
Medicina · Farmacología
Медицина и фармакология

NE-Metalle

Non-ferrous metal
Metal non ferreux
Metal no ferroso
Цветные металлы

Physik

Physics
Physique
Física
Физика

Rationalisierung

Rationalizing
Rationalisation
Racionalización
Рационализация

Schall · Ultraschall

Sound · Ultrasonics
Son · Ultra-son
Sonido · Ultrasónico
Звук и ультразвук

Schiffahrt

Navigation
Navigation
Navegación
Судоходство

Textilforschung

Textile research
Textiles
Textil
Вопросы текстильной промышленности

Turbinen

Turbines
Turbines
Turbinas
Турбины

Verkehr

Traffic
Trafic
Tráfico
Транспорт

Wirtschaftswissenschaften

Political economy
Economie politique
Ciencias económicas
Экономические науки

Einzelverzeichnis der Sachgruppen bitte anfordern

WESTDEUTSCHER VERLAG · KÖLN UND OPLADEN
567 Opladen/Rhld., Ophovener Straße 1–3

GPSR Compliance

The European Union's (EU) General Product Safety Regulation (GPSR) is a set of rules that requires consumer products to be safe and our obligations to ensure this.

If you have any concerns about our products, you can contact us on ProductSafety@springernature.com

In case Publisher is established outside the EU, the EU authorized representative is:

Springer Nature Customer Service Center GmbH
Europaplatz 3
69115 Heidelberg, Germany

Batch number: 10584556

Printed by Printforce, the Netherlands